Katrin Behrend · Helga Hofmann · Gabriele Linke-Grün

Katzen

Richtig halten, gut verstehen und eine Menge Spaß haben

Weltbild

Inhaltsverzeichnis

Katzen

glücklich & gesund

Das Wohlfühl-Heim

Fit-und-gesund-Programm

Kennenlern-Programm

Beschäftigungs-Programm

Anhang

Inhaltsverzeichnis

Katzen sprache

richtig deuten & verstehen

Katzen-Sprachprogramm

Wie Katzen uns verstehen lernen

Katzen und ihre Duftwelt

Wie Katzen mit uns sprechen

Anhang

Inhaltsverzeichnis

Katzen spiele

pfiffig, spaßig, spannend

Warum Spielen für Katzen wichtig ist

Die besten Spielideen für kleine Tiger

Warum spielen für Katzen wichtig ist

Spiel und Abenteuer: Spielplatz Wohnung und Balkon

Anhang

Katzen

glücklich & gesund

Wohlfühl-Heim

Von der Wildkatze zum Heimtier

Die Domestikation der Katze begann vor etwa 4000 Jahren, später als bei allen anderen Haustieren. Wie sie mit dem Menschen zusammentraf, ist unklar. Eine der bekanntesten Theorien lautet, dass die in Nordafrika wild lebenden Falbkatzen *(Felis libyca)*, schlanke Tiere mit großen Ohren und einem langen Schwanz, von den reichen Mäusevorkommen in den Kornkammern der Ägypter angelockt wurden und in die Nähe der Menschen zogen. Sie begaben sich sozusagen freiwillig in deren Obhut und machten sich selbst zum Haustier. Worauf die Ägypter sie in den Stand der Göttin erhoben und streng darüber wachten, dass sie nicht außer Landes gebracht wurden. Doch der Siegeszug der Katze war nicht mehr aufzuhalten.

Die Katze liebt es, von ihrem Menschen gestreichelt zu werden. Wann es genug ist, bestimmt allein sie.

In den letzten Jahren hat sie in der Gunst der Tierfreunde Hunde sogar überflügelt. Immer aber blieb sie relativ unabhängig und ließ sich nur zum Mäusefangen einsetzen. Im Gegensatz zu allen anderen Haustieren wurde die Katze nie für etwas anderes gezüchtet oder trainiert und hat sich deshalb bis heute fast alle Eigenschaften ihrer wilden Vorfahren aus Afrika bewahrt. Dies ist wichtig, um die Katze von Grund auf zu verstehen.

Bin ich ein Katzenmensch?

Ob in Ihrem Bekanntenkreis ein Wurf von Kätzchen auf neue Besitzer wartet oder Sie von der Eleganz und Schönheit einer Rassekatze beeindruckt sind: Bevor Sie sich für eine Hauskatze entschließen, sollten Sie sich auf Herz und Nieren prüfen, ob sie das Richtige für Sie ist (→ auch Test rechts).

➤ Eine Katze kann 15 bis 20 Jahre alt werden. In dieser langen Zeit müssen Sie immer für sie da sein.

➤ Auch die Kosten für Ausstattung, Futter, Tierarzt, Pension und nicht zuletzt für die Anschaffung, falls Sie eine Rassekatze wollen, sollten Sie in Betracht ziehen.

➤ Häufige Umzüge wegen ständig wechselnder Wohnsitze und Arbeitsstellen vertragen Katzen nicht gut. Wie sieht es bei Ihnen damit aus?

➤ Eine Katze ist zwar ein relativ eigenständiges Wesen, den ganzen Tag allein zu bleiben tut ihr allerdings nicht gut. Verhaltensstörungen und psychisch bedingte Krankheiten können die Folge sein. Wenn Sie berufstätig sind, sollten Sie sich von vornherein zwei Katzen ins Haus holen. Die leisten sich dann gegenseitig Gesellschaft.

➤ Stellen Sie vorher fest, ob Sie oder eine andere Person in Ihrem Haushalt allergisch auf Katzenhaare reagieren.

Test: Passt eine Katze zu mir?

	Ja	Nein
1. Können Sie mit Haaren auf Teppich oder Couch leben?	☐	☐
2. Ertragen Sie Kratzspuren am Sessel oder an der Tapete?	☐	☐
3. Mögen Sie Ihren Lieblingssessel mit Ihrer Katze teilen?	☐	☐
4. Sind Sie Ihrer Katze nicht böse, wenn Sie frühmorgens von ihr geweckt werden?	☐	☐
5. Loben Sie Ihre Katze, wenn sie Ihnen eine Maus als Geschenk offeriert?	☐	☐
6. Sind Sie bereit, zugunsten Ihrer Katze auf lautes Musikhören oder einen hektischen Lebensstil zu verzichten?	☐	☐
7. Nehmen Sie bei der Urlaubsplanung Rücksicht auf Ihre Katze?	☐	☐
8. Können Sie sich auf feste Zeiten einstellen, die Sie mit Ihrer Katze spielend oder schmusend verbringen?	☐	☐

Wenn Sie alle Fragen mit »Ja« beantwortet haben, sind Sie ein Katzenmensch – ganz nach dem Geschmack einer Samtpfote. Bereits bei dreimaligem »Nein« sollten Sie sich überlegen, ob eine Katze das richtige Haustier für Sie ist.

Die Katze registrieren

Einer entlaufenen Katze können Sie schnell auf die Spur kommen, wenn Sie sie in einem Zentralregister eintragen lassen (→ Adressen, Seite 65). Weiterer Vorteil: Sie schützen damit Ihre Katze auch vor Tierfängern und dem Tod im Versuchslabor. Mit der Registrierungsbestätigung erhalten Sie eine SOS-Plakette und den internationalen Tierausweis. Hier sind neben Tierart, Geburtsjahr, Geschlecht, Rasse, Name, Farbe und besonderen Kennzeichen auch die Tätowierungs- oder Transpondernummern aufgenommen. So kann jedes Tier sofort identifiziert werden. Tätowierung bzw. Einsetzen des Transponders ist Sache des Tierarztes, der das möglichst schon bei der Jungkatze vornehmen sollte. Die Tätowierung erfolgt in den Ohren und auf der Innenseite des Hinterbeins. Der Transponder wird mit einem kleinen Eingriff im Nacken eingepflanzt und kann per Lesegerät entschlüsselt werden.

Die verschiedenen Rassen

Im Lauf der Zeit entstanden durch Änderungen im Erbgut und deren gezielte Weiterzucht oder durch Kreuzung verschiedener Rassen die unterschiedlichsten Katzenrassen. Augenfälliges Unterscheidungsmerkmal ist die Länge des Fells.

Eine Handvoll Katzenbaby – und schon so große Augen.

Rasseneinteilung

Katzenrassen werden in drei Gruppen eingeteilt: in Langhaar-, Halblanghaar- und Kurzhaarkatzen. Die meisten Rassen gibt es in unterschiedlichen Fellfarben und -mustern (zurzeit mehr als 200) – ein unglaublich vielfältiges Angebot. Man unterscheidet einfarbig, mehrfarbig, Colourpoint, gestromt, smoked, shaded und »getippt«. Auch die Augenfarbe variiert von einer Rasse zur anderen, manchmal sogar von einem Farbschlag zum nächsten. So können orange- oder kupferfarbene Augen vorkommen, grüne, blaue, selbst verschiedenfarbige (odd eyed = ein Auge ist blau, das andere orange).

Langhaar: Zu den Langhaarkatzen zählen nur die Perser, deren langes, dichtes, feines Fell bis zwölf Zentimeter lang werden kann. Sie weisen einen kompakten Körperbau auf, niedrige, kräftige Beine, einen runden Kopf, kleine Ohren, große, runde Augen und eine kurze, stumpfe Nase mit dem typischen Stopp (Einbuchtung) zwischen Stirn und Nasenspitze.

Halblanghaar: Ihr langes, fließendes Fell besteht aus bis zu fünf Zentimeter langen Deckhaaren und kurzer Unterwolle (diese fehlt bei manchen Rassen). Zu ihnen zählen so imposante Rassen wie Maine Coon oder Ragdoll, aber auch zierlichere wie Türkisch Angora und Van, Birma, Balinese oder Somali.

TIPP

Fachbegriffe rund um Rassekatzen

- Abzeichen (Points): dunkler als Fellgrundfarbe gefärbte Partien an Gesicht, Ohren, Beinen und Schwanz
- Farbschlag: Tiere einer Rasse mit gleicher Fellfarbe
- Shaded: Haare überwiegend dunkel gefärbt, aber heller als Smoke
- Smoked: Haare überwiegend dunkel gefärbt, nur Haaransatz ist silbrig weiß
- Ticking: dunkle Bänderung jedes einzelnen Haares
- Tipping: Haare hell mit dunklen Spitzen

Kätzchen sehen meist vertrauensvoll in die Welt und gehen offen und neugierig auf Unbekanntes zu. Von möglichen Gefahren ahnen sie noch wenig.

Kurzhaar: Gemeinsam ist ihnen allen ein kurzes Fell, während ihr Aussehen von plump und kräftig über elegant und schlank bis zart variiert. Je nach Struktur des Fells unterscheidet man z.B. Plüsch-, Seiden- oder Lockenfell (wie Rex-Katzen). Abessinier, Bengal, Britisch und Europäisch Kurzhaar, Burma, Kartäuser (Chartreux), Russisch Blau, Ocicat oder Tonkanese sind Kurzhaarkatzen. Die Orientalen (Siam und Orientalisch Kurzhaar) zeichnen sich durch einen lang gestreckten Kopf mit geradem Profil aus.

Rassestandards

Neben dem unterschiedlichen Aussehen hat jede Rasse ihre eigenen Wesensmerkmale, die für das harmonische Zusammenleben von großer Bedeutung sind. Die charakteristischen Merkmale des »idealen« Tieres einer Rasse sind im sogenannten Standard festgelegt. Sie beziehen sich auf ein bestimmtes Aussehen und auf erwünschte Eigenschaften. Diese Eigenschaften sollten mit Ihren Vorstellungen des Lebens übereinstimmen. Das heißt, sind Sie eher ein bedächtiger Typ, sollten Sie sich keine quirlige, fordernde Katze »antun«. Geht es dagegen in Ihrem Haushalt recht turbulent und lautstark zu, muss auch die Katze dazupassen. Die folgenden Beschreibungen von zwölf sehr beliebten Rassen geben nur einen Überblick. Für detaillierte Angaben ziehen Sie bitte einen Züchter zu Rate (→ Adressen, Zeitschriften Seite 65).

Abessinier

➤ **Freundlich + lebhaft**

Herkunft: Die Abessinier, eine der ältesten Rassen, wird – wohl wegen ihrer Ähnlichkeit mit der wild lebenden Falbkatze – als Nachkomme der Pharaonenkatzen Ägyptens angesehen.
Aussehen: Mittelgroß, schlank, elegant. Lange Beine. Leicht keilförmiger Kopf, relativ große Ohren. Ausdrucksvolle Augen; grün bis goldfarben.
Fell: Kurz, dicht mit charakteristischem Ticking. Neben dem ursprünglichen Farbschlag Wildfarben heute auch Zucht in Sorrel, Blau und Beige-Fawn sowie alle Farben in Silber.
Wesen: Freundlich, aufgeschlossen, intelligent. Klettert und tobt gern. Kann aufdringlich werden. Verträgt sich gut mit anderen Katzenrassen.
Geeignet für: Menschen, die ihr viel Zeit und Zuwendung widmen können.

Bengal

➤ **Neugierig + anhänglich**

Herkunft: Die Rasse entstand in Amerika in den 60er-Jahren durch Kreuzung der wilden Bengal mit einer Hauskatze.
Aussehen: Schlanker, großer, muskulöser Körper. Leicht keilförmiger Kopf, Nase mit kleiner Einbuchtung; mittelgroße Ohren mit abgerundeten Spitzen. Ovale, ausdrucksstarke Augen in Bernstein bis Grün.
Fell: Dichtes, feines, eng anliegendes Kurzhaar. Braune bis schwarze Tupfen und Flecken auf beige- bis rotorangefarbenem Grund. Langer Schwanz mit deutlicher Markierung und dunkler Spitze.
Wesen: Neugierig und lebhaft, klettert viel. Intelligent, anhänglich.
Geeignet für: Menschen, die eine lebendige, anspruchsvolle Katze mögen und sich intensiv um sie kümmern.

Heilige Birma

➤ **Verspielt + geduldig**

Herkunft: Den Beinamen »heilig« verdankt die Birma einer Legende, nach der die Seele eines in einem birmesischen Tempel ermordeten Priesters in das Tier gewandert sein soll. Vermutlich wurde die Rasse jedoch in Frankreich aus Siam, Europäisch Kurzhaar und Perser gezüchtet.
Aussehen: Muskulös und kräftig. Stämmige Beine; besonderes Merkmal: weiße Pfoten. Augen leuchtend blau.
Fell: Lang bis halb lang, seidig. Auf hellem Grund siamtypische Abzeichen (Points).
Wesen: Im Temperament eine Mischung aus lebhafter Siam und ruhiger Perser. Liebenswert und freundlich. Verträgt sich gut mit anderen Katzen und Heimtieren.
Geeignet für: Familien mit Kindern, da verspielt und geduldig.

hoher Pflegeaufwand · ideal für Wohnungshaltung · ideal für Garten

Britisch Kurzhaar

➤ **Ausgeglichen + robust**

Herkunft: Die Britisch Kurzhaar wurde aus englischen Hauskatzen und Persern gezüchtet. Der blaue Farbschlag, hierzulande am bekanntesten, ähnelt stark der französischen Kartäuser (Chartreux).
Aussehen: Mittelgroß bis groß, massiv. Stämmige Beine, mittellanger, dicker Schwanz. Breiter Kopf mit vollen Wangen, kleine Ohren. Große, runde Augen in den Farben Dunkelorange bis Kupfer.
Fell: Kurz, sehr dicht. Ein- und mehrfarbig, in vielen Farben, Mustern und Zeichnungen; seit kurzem auch Colourpoint.
Wesen: Unkompliziert und robust. Freundlich, selbstbewusst, ausgeglichen, anpassungsfähig. Zarte Stimme.
Geeignet für: Familien mit Kindern und anderen Heimtieren. Ideale Wohnungskatze.

Burma

➤ **Intelligent + neugierig**

Herkunft: Die Ursprungsrasse war in Burma beheimatet. Die heutige Rasse entstand jedoch 1930 in den USA aus einer Kreuzung zwischen Burmakatze und Siamkater.
Aussehen: Mittelgroß, schlank und muskulös. Stumpf keilförmiger Kopf, Nase mit Einbuchtung. Weit auseinanderstehende, große, hellgelbe bis bernsteinfarbene Augen.
Fell: Kurz, glatt anliegend, seidig, glänzend. Typisch: Unterkörper stets etwas heller als Beine und Rücken. Verschiedene Farbschläge.
Wesen: Anhänglich, spielt gern die erste Geige. Temperamentvoll und neugierig. Für Reisen geeignet, liebt Autofahren.
Geeignet für: Menschen, die eine intelligente, selbstbewusste Katze suchen und viel Zeit für sie haben.

Maine Coon

➤ **Pflegeleicht + gesellig**

Herkunft: Diese ursprüngliche Rasse stammt wahrscheinlich von Halblanghaarkatzen ab, die – von Seeleuten nach Amerika importiert – sich mit heimischen Katzen paarten und im Bundesstaat Maine selbstständig entwickelten.
Aussehen: Groß, massiv, muskulös; lange Beine. Großer Kopf mit kantiger Schnauze. Große Ohren mit dichten Haarbüscheln. Große, runde Augen.
Fell: Halb lang, dicht, Wasser abweisend, mit voller Halskrause und dichten Höschen an den Hinterbeinen. Alle Farben und Zeichnungen außer Siamzeichnung.
Wesen: Ausgeglichen, gesellig und anhänglich. Intelligent.
Geeignet für: Menschen, die eine robuste, pflegeleichte Halblanghaarkatze suchen, die sich gut mit Kindern verträgt.

→ mittlerer Bewegungsbedarf ⇶ hoher Bewegungsbedarf

Norwegische Waldkatze

➤ **Verspielt + verschmust**

Herkunft: Sogenannte natürliche Rasse, die sich in Norwegen aus einheimischen Kurzhaar- und von Seefahrern mitgebrachten Halblanghaarkatzen entwickelte.
Aussehen: Groß, kräftig, geschmeidig; lange Beine. Dreieckige Kopfform mit kräftigem Kinn. Große Ohren mit breitem Ansatz und Haarbüscheln.
Fell: Lang und dicht, mit stattlicher Halskrause, Wasser abweisend. Alle natürlichen Farben erlaubt, keine Siamzeichnung.
Wesen: Freundlich, verspielt. Ausgeglichen, schmust gern. Lebhaft, klettert viel. Da sehr gesellig, fühlt sie sich als Einzeltier nicht wohl.
Geeignet für: Familien mit Kindern, die eine unverdorbene, robuste Halblanghaarkatze suchen. Ist »wetterfest«.

Perser

➤ **Ruhig + anschmiegsam**

Herkunft: Die Rasse entstand in England wahrscheinlich durch Kreuzung der Türkisch Angora mit anderen Hauskatzen, wobei man den Tieren mit kompakterem Körperbau, dickerem Kopf und flacherem Gesicht den Vorzug gab.
Aussehen: Groß, gedrungen, kräftig. Breiter Kopf. Nase mit Stopp. Große, leuchtende Augen, Farbe für jede Farbvarietät vorgeschrieben.
Fell: Längstes Fell aller Katzenrassen. Sehr dicht, neigt zum Verfilzen. Über 200 verschiedene Farben und Muster.
Wesen: Ruhig, anschmiegsam, verträglich. Kann auch temperamentvoll sein.
Geeignet für: Menschen, die eine majestätische Rasse für die Wohnung suchen und Zeit fürs tägliche Kämmen und Bürsten haben.

Ragdoll

➤ **Sanft + geduldig**

Herkunft: Die recht junge Rasse wurde vermutlich in Kalifornien aus Persern, Bicolour und Colourpoint sowie Birmakatzen gezüchtet.
Aussehen: Mittelgroß bis groß, kräftig, muskulös. Keilförmiger Kopf. Nase mit leichter Wölbung, Ohren mit Haarbüscheln. Augen groß, leuchtend blau.
Fell: Halb lang, seidig. Anerkannte Farbschläge sind Colourpoint, Bicolour und Mitted (mit weißen Füßen).
Wesen: Sehr sanft, gelassen und geduldig. Verspielt. Leise und unaufdringlich. Ideal für die Wohnungshaltung, da sie nur selten nach draußen will. Lässt sich beim Hochnehmen völlig entspannt hängen.
Geeignet für: Familien mit Kindern, anderen Katzen und Heimtieren, da sie sehr gesellig, geduldig und verträglich ist.

hoher Pflegeaufwand · ideal für Wohnungshaltung · ideal für Garten

Siam

➤ **Mitteilsam + sensibel**

Herkunft: Im ältesten Katzenbuch der Welt, das aus Siam (heute Thailand) stammt, wird bereits eine helle Katze mit dunklen Abzeichen beschrieben. Nach Europa kamen Siam im 19. Jahrhundert und wurden in London 1871 ausgestellt.
Aussehen: Schlank, feingliedrig. Keilförmiger Kopf, lange, gerade Nase, große Ohren. Augen blau.
Fell: Glatt, sehr kurz, ohne Unterwolle. Viele Farben, stets von hellerem Grund abgesetzte dunkle Abzeichen an Kopf, Beinen, Rücken und Schwanz.
Wesen: Sehr temperamentvoll, bewegungsfreudig und intelligent. Will immer im Mittelpunkt stehen, ist äußerst mitteilsam.
Geeignet für: Menschen mit besonderem Katzengespür und Erfahrung. Braucht viel Zuwendung und ist sehr sensibel.

Somali

➤ **Lebhaft + verspielt**

Herkunft: Die Rasse entstand durch gezielte Weiterzucht der immer wieder in Abessinierwürfen auftretenden Langhaarkätzchen.
Aussehen: Mittelgroß, graziös. Kopf keilförmig, Ohren groß, breit, weit auseinanderstehend. Große, ausdrucksvolle, bernsteingelbe oder grüne Augen.
Fell: Sehr weich, dicht, halb lang, doppellagig. Langer buschiger Schwanz. Farbschläge wie Abessinier (→ Seite 16).
Wesen: Sehr verspielt, lebhaft, neugierig, verschmust und äußerst verträglich mit anderen Katzen. Klettert und springt mit Begeisterung.
Geeignet für: Menschen, die eine temperamentvolle, aber doch ausgeglichene Katze möchten. Braucht viel Zuwendung und Aufmerksamkeit.

Türkisch Van

➤ **Eigenwillig + intelligent**

Herkunft: Diese ursprüngliche Rasse stammt aus dem Gebirge rings um den Van-See im Südosten der Türkei.
Aussehen: Mittelgroß, muskulös. Dreieckiger Kopf mit großen, stark behaarten Ohren. Ovale, leicht schräg gestellte Augen, bernsteinfarben, blau oder odd eyed.
Fell: Halb lang, seidig, ohne Unterwolle. Grundfarbe weiß, Schwanz und Flecken im Gesicht kastanienrot oder creme.
Wesen: Temperamentvoll, bewegungsfreudig, verspielt, neugierig. Kann gut mit anderen Katzen zusammen gehalten werden, will jedoch die erste Geige spielen. Im Allgemeinen geht sie gern ins Wasser.
Geeignet für: Menschen, die eine eigenwillige Katze lieben und sich auf sie einstellen. Sie mag Zuwendung ohne Zwang.

mittlerer Bewegungsbedarf | hoher Bewegungsbedarf

Welche Katze passt zu mir?

Nach sorgfältigen Vorüberlegungen (→ Seite 13) sind Sie sicher, Ihr weiteres Leben mit einer Katze teilen zu wollen. Nun kommt es darauf an, aus dem großen Angebot die richtige Samtpfote zu wählen.

Kinder: ideale Schmuse- und Spielgefährten für Katzen.

Katze oder Kater?

Wenn es auch keine geschlechtsspezifischen Wesensunterschiede gibt, ist doch vorher zu überlegen:

- Eine Katze wird zwischen dem 6. und 12. Lebensmonat geschlechtsreif. Sie ist dann zwei- bis dreimal im Jahr rollig, das heißt paarungsbereit. Hat sie freien Auslauf, kann sie ebenso oft Junge bekommen. In der Wohnung bleibt sie ohne Kater länger in Liebesstimmung; das strengt an.
- Ein Kater wird mit etwa neun Monaten geschlechtsreif und markiert dann sein Revier mit Urin. In der Wohnung ist der damit verbundene Geruch nicht auszuhalten.

Hinweis: Kastrierte Tiere haben keinen Sexualtrieb mehr, die Probleme sind mit diesem Eingriff aus der Welt geschafft (→ Seite 38).

Eine, zwei oder mehrere Katzen?

Man sagt zwar, dass Katzen Einzelgänger sind, sie begeben sich aber immer wieder gern in die Gesellschaft anderer. Wenn der Bezugspartner Mensch ausreichend Zeit für sie aufbringt, genügt das allerdings der Katze. Sie können sogar für ein paar Stunden abwesend sein, beispielsweise auf einer Halbtagsstelle. Hauptsache, Sie halten die festen Zeiten für Füttern, Spielen und Schmusen ein. Anders sieht es aus, wenn Sie den ganzen Tag berufstätig sind, auf das Zusammenleben mit einer Katze aber nicht verzichten wollen. Damit es

TIPP

Katzen-Kombinationen

Wenn Sie mehrere Katzen zusammen halten wollen, gibt es verschiedene Möglichkeiten:

- zwei Geschwisterchen aus einem Wurf, denn sie kennen sich von klein auf.
- eine ältere und eine junge Katze, wobei sich deren Charaktere ergänzen sollten.
- zwei erwachsene Katzen. Sie müssen allerdings viel Zeit und Geduld aufbringen, um sie aneinander zu gewöhnen (→ Seite 32).

der Katze nicht langweilig wird und sich die Unsicherheit, wann Sie denn nun endlich nach Hause kommen, nicht zum Leiden auswächst, empfehle ich Ihnen die Haltung von wenigstens zwei Katzen; sie können sich während Ihrer Abwesenheit miteinander beschäftigen. Alle Katzen brauchen getrennte Privatbereiche, das heißt, für jede muss ein Futter-/Wassernapf, Schlafplatz und eine Toilette zur Verfügung stehen.

Katzengeschwister sind von klein auf vertraut miteinander und deshalb ideal für einen Haushalt, in dem sie viel allein sind.

Junge oder ältere Katze?

Junge Katze: Sich ein niedliches Katzenkind ins Haus zu nehmen beinhaltet gleichzeitig auch eine Menge Verantwortung. Mit zwölf Wochen (früher sollten Kätzchen nicht abgegeben werden) ist es zwar schon einigermaßen »abgenabelt«, doch Mutter und Geschwister sind nun Sie in einer Person. Das bedeutet nicht nachlassende Aufmerksamkeit und Zuwendung: spielen, füttern, aufpassen, dass es keinen Unsinn treibt, sich nicht wehtut, Ihnen nicht zwischen die Beine rennt, lernt, aufs Katzenklo zu gehen, und dazwischen immer wieder schmusen beziehungsweise schlafen lassen (bis zu 20 Stunden am Tag).

Ältere Katze: Ihr Besitzer konnte sie aus zwingenden Gründen nicht behalten oder ist gestorben, und nun ist sie im Tierheim gelandet. Oder sie sitzt plötzlich vor Ihrer Tür, bettelt um Futter und will nicht mehr gehen. Das bedeutet, Sie müssen sich aneinander gewöhnen, und das braucht viel Geduld und gegebenenfalls Erfahrung im Umgang mit Katzen. Vorteil ist, dass diese Tiere selbstständig und bereits stubenrein sind und nicht Ihre dauernde Aufmerksamkeit erfordern.

Eine Katze für Kinder

- Ein Kleinkind bis zu drei Jahren weiß noch nicht mit einer Katze umzugehen. Lassen Sie die beiden nicht miteinander alleine.
- Einem älteren Kind können Sie den richtigen Umgang mit Mieze beibringen, die Verantwortung liegt aber immer bei Ihnen. Zeigen Sie ihm auch, wie man sie hochhebt und trägt. Dazu mit der einen Hand unter den Brustkorb greifen, mit der anderen unter Hinterpfoten und Hinterteil. Beim Tragen die Katze leicht gegen die Brust lehnen, das gibt ihr Sicherheit.

Wohlfühl-Ausstattung

Damit sich die Katze bei Ihnen auch wohlfühlt, sind einige Anschaffungen nötig.

Schlafplatz

Samtpfotes Lieblingsbeschäftigung ist 20 Stunden am Tag

Je rauer, desto lieber kratzen die Katzen.

schlafen, dösen und sich putzen. Darauf sollte ihr Schlafplatz abgestimmt sein. Ob das nun ein simpler Korb mit einem Kissen ist oder eine Plüschrolle, Katzencouch, Designerbett bzw. Thermokissen (der Zoofachhandel bietet eine Auswahl) – Hauptsache, der Schlafplatz ist weich und kuschelig. Achten Sie darauf, dass Decken und Überzüge abnehmbar und waschbar sind. Mehrere Katzen brauchen ihren eigenen Schlafplatz.

Kratzmöbel

➤ Ein Kratzbaum muss standfest – wackelt er, geht die Katze nie wieder dran – und mit einem dicken, widerstandsfähigen Sisalseil umwickelt sein.

➤ Ein Kratzbrett eignet sich, wenn kein Platz für einen Kratzbaum ist. Es muss so angebracht sein, dass sich die Katze daran aufrichten kann. Es sollte mit grobem Sisal bespannt sein, leichteres Material ist bald zerschlissen.

➤ Eine Kratzrolle liegt auf dem Boden und wird von »Teppichkratzern« bevorzugt. Wichtig ist auch der Standplatz, zum Beispiel neben dem Schlafplatz, in der Nähe des Fensters oder nahe an einem Schrank.

Katzentoilette

➤ Eine Plastikwanne (Zoofachhandel) mit hohem Rand verhindert, dass die Katzenstreu beim Scharren hinausfliegt. Sie sollte so groß sein, dass sich die Katze darin mühelos drehen und wenden kann. Manche Katzen verrichten ihr Geschäft lieber in einem Modell mit Haube.

➤ Die Katzenstreu muss saugstark, geruchsbindend und garantiert asbestfrei sein. Biostreu ist umweltfreundlich und kann mit dem Biomüll entsorgt werden. Sparsam im Verbrauch ist Katzenstreu, bei der die Exkremente in Klumpen gebunden werden; diese lassen sich dann leicht mit einer Schaufel entfernen. Alle acht Tage sollte die Wanne vollständig geleert und mit heißem Wasser gründlich gereinigt werden.

Futter- und Trinknapf

Jede Katze braucht ein bis zwei Futternäpfe (für Feucht- und Trockenfutter) und einen Trinknapf. Geeignet sind Schüsseln aus Porzellan, Keramik oder Edelstahl, die nicht kippen oder herumgeschoben werden können. Alle Futternäpfe sollten Sie täglich mit heißem Wasser reinigen.

Katzengras

Katzen knabbern gern an Gras und finden auch Zypergras sowie Kräuter wie Petersilie oder Katzenminze lecker. Die Aufnahme von Katzengras erleichtert das Auswürgen von Haarballen. Der Zoofachhandel bietet Grassamen in Schalen an, die zu Hause nur gewässert werden müssen, um zu sprießen. Gewöhnen Sie Mieze daran, an ihr Grünzeug zu gehen, sonst kann es passieren, dass sie Ihre Pflanzen anknabbert.

Katzenspielzeug

Im Zoofachhandel gibt es jede Menge geeignetes Spielzeug, wie Fellmäuse in allen Variationen, »Katzenangeln«, Bällchen, die hüpfen oder wackeln, weich oder hart sind. Aber auch im Haus findet sich alles Mögliche, das zum Spielen geeignet ist: Korken und Tischtennisbälle, leere Kartons oder zusammengerollte alte Wollstrümpfe. Wichtig ist nur, dass Ihre Katze das Spielzeug nicht verschlucken kann.

Ein Korb als fester Schlafplatz – süße Katzenträume sind garantiert.

Pflege-Necessaire

➤ Lang- und Halblanghaarkatzen: zwei Metallkämme, weit und eng gezähnt, eine Bürste mit Naturborsten oder gebogenen Drahtborsten, Trennmesser zum Aufschneiden von Haarknoten, Puder zum Reinigen.

➤ Kurzhaarkatzen: Eine Bürste mit Naturhaarborsten und/oder ein Noppentuch oder -handschuh genügen.

➤ Feuchte Reinigungstücher zum Säubern von Augen, Ohren und After.

➤ Krallenzange, besonders für Katzen ohne Auslauf.

CHECKLISTE

Vorsicht Gefahr!

✔ Balkone, offene Fenster: Ein Katzennetz (Fachhandel) sichert vor Absturz.

✔ Offene Kippfenster: Spezielle Einsätze (Fachhandel) verhindern Einklemmen.

✔ Waschmaschine, Schubladen: Kontrolle vor dem Schließen.

✔ Heißes: Töpfe, Pfannen, Herdplatte abdecken. Kerzen löschen, wenn Sie den Raum verlassen.

✔ Nadeln: wegräumen.

✔ Medikamente, Putzmittel: wegschließen.

✔ Giftige Pflanzen: entfernen oder Zugang dazu verwehren (→ Internetadressen, Seite 65).

Fragen rund um die Auswahl

Passt eine junge Katze zu meiner alten?
Ein Kätzchen passt sich auf jeden Fall besser der alteingesessenen Katze an als eine erwachsene mit ihren Eigenwilligkeiten. Wichtig ist, dass sich die Charaktere möglichst ergänzen. Ist die ältere Katze zum Beispiel gesund, aber etwas träge, bringt sie ein verspielter Kobold auf Trab. Gehen Sie langsam vor bei der Aneinandergewöhnung, und wappnen Sie sich mit Geduld (→ Seite 32). Einer alten und kranken Katze sollten Sie allerdings keinen Neuankömmling zumuten, das würde sie nur zusätzlich stressen.

Wird sich eine ältere Katze an mich als neuen Halter gewöhnen?
Die Beziehung, die das Tier mit seinem alten Besitzer gehabt hat, ist im besten Fall tief und dauerhaft gewesen. Dennoch bleibt die Katze unabhängig. Sicherlich wird sie beim Verlust ihrer Bezugsperson trauern, aber keineswegs so exzessiv, wie es beispielsweise bei einem Hund möglich ist. Letztendlich verkraftet sie die Änderung, vorausgesetzt Sie bieten ihr ein neues Zuhause, das ihr zusagt, und erfüllen all das, was die Katze erwartet. Vor allem mag sie nicht brüsk mit Unbekanntem konfrontiert werden.

Kann ich meiner Katze den Umzug von einem Heim mit Auslauf in eine Wohnung zumuten?
Sicher, denn Samtpfoten sind im Allgemeinen sehr anpassungsfähig. Bietet ihr die neue Umgebung genau die Abwechslung, die sie draußen fand, ist das schon die halbe Miete. Beschäftigen Sie sich dann noch regelmäßig mit ihr, das heißt, spielen Sie mit ihr täglich die Spiele, die sie körperlich und geistig fit halten, wird sie den Gang ins Freie nicht mehr vermissen und bald vergessen.

Was spricht dafür, eine Katze aus dem Tierheim zu nehmen?
Meist sind Tierheimkatzen bereits erwachsen, was die Zeit verkürzt, in der Sie die Verantwortung für sie tragen. Außerdem ersparen Sie sich den Aufwand, den die Eingewöhnung eines Katzenkindes mit sich bringen kann. Ande-

Vertrautes Spielzeug erleichtert die Eingewöhnung im neuen Heim enorm.

rerseits haben Sie es mit dem ausgeprägten Charakter eines erwachsenen Tieres zu tun, von dem Sie oft nicht einmal wissen, wo es aufgewachsen ist beziehungsweise was es schon durchgemacht hat. Sie sollten also über einige Katzenkenntnis verfügen, kätzische Verhaltensweisen richtig einschätzen können und Mieze viel Zeit geben, sich bei Ihnen einzugewöhnen.

? Wir haben zwei kleine Kinder. Welche Katzenrassen passen dazu?
Familienfreundliche Tiere unter den Rassekatzen sind zum Beispiel Burma, Norwegische Waldkatze, Ragdoll oder Maine Coon. Sie lassen sich auch durch Trubel nicht so schnell aus dem Gleichgewicht bringen.

? Können wir zu unseren anderen Heimtieren (Hund, Meerschweinchen, Wellensittich) noch ein oder zwei Katzen gesellen?
Das kann man nicht generell beantworten. Dem Hund kann zwar beigebracht werden, die Katzen als zu seinem Rudel gehörig zu akzeptieren. Für Meerschweinchen und Wellensittich hingegen sind Katzen keine idealen Gefährten, sie zählen eher zu deren Beutetieren. Deshalb auf Katzen verzichten oder die Tiere getrennt halten.

? Brauche ich für die Katzenhaltung die Genehmigung des Vermieters?
Das Mietrecht besagt, dass Katzen wie Hunde grundsätzlich in der Mietwohnung gehalten werden dürfen. Selbst wenn im Mietvertrag ein ausdrückliches Verbot der Tierhaltung vereinbart wurde. Voraussetzung: Das Tier stellt keine Belästigung dar, die den Hausfrieden stört.

? Kann ich einem ganz kleinen Kätzchen ansehen, wie es sich entwickelt?
Ja, allerdings nicht während eines einzigen Besuchs. Verfolgen Sie im Abstand von zehn bis 14 Tagen die Entwicklung der Jungen und versuchen Sie etwas von ihrem Wesen zu erfahren. Zum Beispiel lässt sich voraussagen, dass ein vor Ihrer Hand nicht scheuendes Kätzchen einmal eine lebhafte, selbstbewusste Katze wird. Umgekehrt wächst ein scheues Wesen sicher nicht zu einem Draufgänger heran.

MEINE TIPPS FÜR SIE

Katrin Behrend

Katzen-Paradies

- Die katzengerecht eingerichtete Wohnung ist abwechslungsreich aufgeteilt und möglichst nicht auf einen Blick überschaubar.
- Sorgen Sie für erhöhte Sitzplätze auf Schränken und Regalbrettern, die für die Katze leicht zu erreichen sind. Sie beobachtet ihr Revier gern von oben.
- Bieten Sie Ihrer Samtpfote eine Höhle als Schlafplatz, wobei egal ist, ob es sich um ein Luxusmodell oder einen simplen Karton mit Decke handelt. Ohnehin ist ihr das Bett ihres Menschen am liebsten.
- Ein Aussichtsplatz am Fenster, von Sonne und Heizung gewärmt, ist für die Katze wie Fernsehen – bequem, unterhaltsam und ohne Risiko. Ein zu schmales Fensterbrett lässt sich verbreitern (Zoofachhandel).
- Ein Zimmerbrunnen kann Ihrer Katze nicht enden wollendes Vergnügen bereiten. Außerdem trinkt sie meist liebend gern von fließendem Wasser.

Kennenlern-Programm

Augen auf beim Kauf

Alles ist bedacht: Rasse, Alter und Geschlecht der Katze. Und auch das Katzenzimmer ist schon eingerichtet. Nun stellt sich die Frage, wo man Mieze kaufen soll und was beim Kauf zu beachten ist.

Nicht nur das Aussehen, auch das Wesen zählt bei der Auswahl einer Katze.

Woher man die Katze bekommt

Züchter: Hier finden Sie die von Ihnen ersehnte Rassekatze. Die entsprechenden Adressen erfragen Sie am besten bei den Dachverbänden oder Züchterverbänden (→ Branchenfernsprechbuch oder Adressen, Seite 65); eine seltenere Rasse ist womöglich in einem weit entfernten Ort oder sogar nur im Ausland zu erwerben. Da die Zucht von Rassekatzen viel Zeit und Geld kostet, kann der Preis bis zu 1000 Euro betragen. Auch der Besuch von Katzenausstellungen lohnt sich, denn dort können Sie sich die meisten Rassekatzen ansehen und interessante Gespräche mit Züchtern führen.
Privat: Im Freundes- und Bekanntenkreis gibt es Kätzchen zu vergeben, oder eine Anzeige am Schwarzen Brett im Supermarkt oder in der Zeitung unter der Rubrik »Tiermarkt« macht Sie darauf aufmerksam. Angefallene Kosten, zumindest jedoch die Tierarztrechnung, wird sich der Katzenhalter erstatten lassen.
Bitte beachten: Hinter der Rubrik »Tiermarkt« verbergen sich oft Geschäftemacher. Sie lassen ihre Katze möglichst häufig Junge kriegen, verlangen dann eine sogenannte Schutzgebühr und lassen die Jungen meist nicht impfen.
Tierheim: Meist bekommen Sie hier erwachsene Katzen (→ Seite 21), seltener Jungkatzen. Die Tiere sind generell

TIPP

Wichtig beim Kauf einer Rassekatze

- Nicht ohne schriftlichen Vertrag kaufen.
- War die Katze bereits bei der Übergabe krank, können Sie vom Kauf zurücktreten oder den Kaufpreis mindern.
- Im Impfpass müssen alle bereits erfolgten Impfungen vom Tierarzt eingetragen sein.
- Der Stammbaum enthält die Namen, Rassen und Farbschläge der Vorfahren (mindestens vier Generationen), meist auch die Prämierungen der Eltern. Er sollte von einem anerkannten Verein ausgefertigt sein, damit Sie auf Ausstellungen gehen können.

geimpft, entwurmt sowie kastriert und werden nur mit Vertrag abgegeben. Durch den Verkauf kann das Tierheim seine Kosten allerdings nur teilweise decken.

Bei der Auswahl beachten

Mein Rat: Besuchen Sie Züchter oder Katzenhalter auch vor dem Kauf und beobachten Sie die Kleinen.
Unterbringung: Achten Sie darauf, ob Mutterkatze und Junge in der Wohnung des Züchters oder Katzenhalters untergebracht sind. Nur wenn die Mutterkatze Vertrauen zum Menschen hat, kann sie es auch auf ihre Jungen übertragen.
Verhalten: Gesunde Kätzchen sind Ihnen gegenüber zwar vorsichtig, aber doch neugierig interessiert, und über kurz oder lang kehren sich die verschiedenen Temperamente heraus (→ Rassekatzen, Seite 16 bis 19).
➤ Die Gesellige wird sich schon bald streicheln lassen.
➤ Die Ruhige ist verträglich und nimmt sich Zeit für die Kontaktaufnahme.
➤ Die Schüchterne zieht sich in ein Versteck zurück und beobachtet von dort aus.

Mit einem Kennel ist der Transport ins neue Heim halb so schlimm.

➤ Die Kapriziöse wird alle Register ziehen, um Ihre Aufmerksamkeit auf sich zu lenken. Aber Vorsicht: Das kann auf die Dauer sehr anstrengend sein.
Alter: Die Kätzchen sollten bei der Abgabe wenigstens zwölf Wochen alt sein und alle Impfungen hinter sich haben (→ Impfplan, Seite 47) – eine Selbstverständlichkeit für einen guten Züchter oder Katzenhalter. Ist der Impfschutz nicht lückenlos (bei Tieren aus privater Hand kann das sein), rate ich Ihnen, das bald nachzuholen.

CHECKLISTE

Das gesunde Kätzchen

Darauf sollten Sie beim Kauf achten:

- ✔ Fell: sauber, weich, ohne Knoten und Verfilzungen
- ✔ Augen: klar, glänzend
- ✔ Ohren: sauber, ohne Absonderungen
- ✔ Näschen: trocken, ohne Ausfluss
- ✔ Zähne: weiß, Zahnfleisch rosa
- ✔ Afterregion: sauber
- ✔ Bäuchlein: nicht dick und aufgetrieben wirkend
- ✔ Körper: rundum gut gepolstert
- ✔ Verhalten: spielen und toben viel, fallen unvermittelt in Schlaf

Sanfte Eingewöhnung

Für das Kätzchen ist erst mal alles fremd, die Trennung von Mutter und Geschwistern ein Schock und Sie ein fremder Mensch, dem es mit Vorsicht begegnet. Doch das gibt sich recht schnell, wenn Sie auf die Bedürfnisse des Neuankömmlings eingehen.

Heimtransport

Die Katze auf jeden Fall in einem Korb oder einer Box aus Kunststoff transportieren, in der sich auch die vertraute Decke befindet. Dann fühlt sie sich erst mal geborgen und kann auch nicht entwischen. Holen Sie sie am besten mit dem Auto und zu zweit ab. Dann können Sie das Tier auf der Fahrt beruhigen.

Zu Hause stellen Sie Korb oder Box in das Zimmer, in dem die Katze sich erst mal heimisch fühlen soll. Hier findet sie alles vor, was zu ihrer Ausstattung gehört: Schlafplatz, daneben den Kratzbaum, das Lieblingsspielzeug (wenn bekannt), Futter- und Wassernapf, und weit weg davon das Katzenklo.

Intensives Miteinander: der beste Beweis vollständiger Eingewöhnung. Die Katze ist ganz vertieft ins Spiel.

Eingewöhnen der jungen Katze

➤ Nehmen Sie Urlaub, wenn Sie den Neuankömmling holen, damit Sie viel Zeit für ihn haben. Öffnen Sie die Tür des Transporters und überlassen Sie das Kätzchen erst mal sich selbst. Es soll von allein hinausspazieren.

➤ Sobald es sich bei Ihnen wohlfühlt, wird es die übrige Wohnung inspizieren (→ Fotos rechts). Bleiben Sie dabei, damit es sich nicht wehtut oder nicht etwas anstellt. Überhaupt sollten Sie immer ein Auge auf das kleine Kerlchen haben, denn vor lauter Neugier kann es in gefährliche Situationen geraten (→ Checkliste, Seite 23).

➤ In den ersten Nächten wird das Kätzchen sehr nach Mutter und Geschwistern weinen. Soll es nicht mit in Ihrem Bett schlafen, müssen Sie von Anfang an konsequent bleiben. Streicheln und beruhigen Sie es, aber schließen Sie dann die Tür hinter sich. Kratzen und Miauen ignorieren, denn wenn Sie nur ein einziges Mal nachgeben, versteht eine Katze nicht, warum etwas heute erlaubt ist, morgen jedoch nicht (→ Erziehungsregeln, Seite 56).

Eingewöhnen der älteren Katze

Auch einer älteren Katze müssen Sie Zeit geben, sich in der neuen Umgebung zurechtzufinden. Im Eingewöhnungszimmer steht alles, was sie braucht. Von hier aus erweitert sie ihren Aktionsradius, hat aber immer die Möglichkeit, sich zurückzuziehen. Vielleicht kennen Sie den früheren Lebenshintergrund der Katze und können sich darauf einstellen. Handelt es sich um eine Tierheim- oder Findelkatze, müssen Sie möglicherweise Scheu, Angst und Aggression überwinden. Behalten Sie jedoch Folgendes im Kopf:

➤ Katzen haben am meisten Angst vor Unbekanntem. Konfrontieren Sie sie nicht brüsk mit neuen Dingen,

Anlocken

Lenken Sie die Aufmerksamkeit des Kätzchens mit sanfter Stimme auf sich. Strecken Sie ihm die Hand entgegen, damit es daran schnuppern kann.

Leckerbissen reichen

Um die Scheu vor Ihnen und Ihrer Hand zu verlieren, muss das Kätzchen etwas Angenehmes damit verbinden. Das lässt sich relativ leicht mit einem Trick erreichen: Locken Sie es mit einem Leckerbissen.

Streicheln

Hat das Kätzchen keine Scheu mehr vor Ihrer Hand und kommt es vertrauensvoll auf Sie zu, streicheln Sie es vorsichtig und sprechen leise mit ihm. Keine ruckartigen Bewegungen machen, sonst erschrickt es.

Vertrauensbeweis

Hat sich zwischen Ihnen und Ihrem Kätzchen ein Vertrauensverhältnis aufgebaut, wird es sich zutraulich auf die Seite legen und Sie schnurrend zum Kraulen und Streicheln auffordern.

sondern schaffen Sie eine Atmosphäre der Beständigkeit und Sicherheit, dann kann Mieze Vertrauen zu Ihnen fassen.

Ein zärtliches Köpfchenreiben – und schon ist die Freundschaft besiegelt.

➤ Katzen möchten zu nichts gezwungen werden. Locken Sie sie mit einem Leckerbissen, loben Sie sie, wenn sie kommt, aber halten Sie sie nicht fest, wenn sie sich wieder zurückzieht.

Katze an Katze gewöhnen

Eine alteingesessene Katze hegt erst mal keinerlei Zuneigung für einen neuen Artgenossen. Schließlich betrachtet sie die Wohnung, in der sie bisher allein regiert hat, als ihr Eigentum und verteidigt sie mit Zähnen und Klauen. Sie ist beleidigt, frisst womöglich nicht mehr, kratzt an Sessel und Sofa oder verrichtet ihr Geschäft mitten auf dem Teppich, um Dominanz zu zeigen. Gehen Sie also bei der Gewöhnung langsam und mit Geduld vor.

1. Schritt: Räumen Sie der Neuen ein paar Tage ein eigenes Zimmer ein. So können sich die Tiere schon mal hören und riechen.

2. Schritt: Lassen Sie die Neue die Wohnung inspizieren, während Sie sich mit der Altkatze auf dem Schoß in den gewohnten Sessel setzen. Streicheln und beruhigend mit ihr reden. Vielleicht fängt sie zu schnurren an. Die Neue wird neugierig herbeilaufen und an ihr zu schnuppern versuchen.

3. Schritt: Lässt die Altkatze den Nasenkontakt zu, ist die erste Hürde gewonnen. Sie braucht jedoch noch viel Zuwendung, und es wird eine Weile zu Geschrei und Tatzenhieben kommen, bis sie sich mit der Neuen angefreundet hat. Die sollte sich vorerst noch in ihr Zimmer zurückziehen können.

Katze an Hund gewöhnen

Der Spruch »wie Hund und Katz« als Synonym für ewige Feindschaft stimmt nicht. Meist verstehen sie sich prächtig, vorausgesetzt, sie kennen ihre verschiedenen Sprachen. So bedeutet

TIPP

Anfreunden

- ➤ Den Neuankömmling mit einem Handtuch abrubbeln und die alteingesessene Katze daran riechen lassen.
- ➤ Auch dem Neuankömmling ein Tuch mit dem Geruch der Altkatze zum Riechen geben.
- ➤ Die alte in das Zimmer der neuen Katze setzen, während diese die Wohnung erkundet.
- ➤ Vor der ersten Begegnung beide mit Hefeflocken einreiben. Das duftet angenehm und schmeckt zudem gut.

Natürliche Freunde sind Katzen und Kaninchen nicht von vornherein. Man muss sie erst aneinander gewöhnen.

Schwanzwedeln beim Hund Freundlichkeit, bei der Katze dagegen Unwille oder gar Wut. Der Hund hebt seine Pfote in wohlwollender Absicht, die Katze wird damit gleich zuschlagen.
Junge Tiere, die zusammen aufwachsen und auch im Temperament harmonieren, werden in der Regel zu dicken Freunden. Ebenfalls gut geht es, wenn zu einem erwachsenen Hund ein junges Kätzchen kommt. Allerdings muss man ihm beibringen, sie zum Rudel gehörig zu akzeptieren. Hingegen kann eine erwachsene, selbstbewusste Katze einen jungen Hund so drangsalieren, dass er sich nur noch verkriecht. Das sollten Sie rechtzeitig unterbinden.

Katze an andere Tiere gewöhnen

Die meisten Heimtiere, wie Meerschweinchen, Ratten oder Kleinvögel, betrachtet die Katze als Beutetiere. Eine Aneinandergewöhnung ist meist nur möglich, wenn sie zusammen aufwachsen oder ein junges Kätzchen zu den anderen Tieren kommt. Aber auch dann sollte die Katze nicht im Raum sein, wenn die anderen Auslauf haben.

CHECKLISTE

Hund und Katze

- ✔ Hund kommt dazu: Die Tiere in zwei angrenzenden, aber geschlossenen Räumen unterbringen. So können sich beide wahrnehmen und riechen.
- ✔ Katze ist neu: Lassen Sie sie ihr neues Revier erkunden. Den Hund eventuell in diesen Tagen zu Verwandten oder Freunden geben.
- ✔ Der erste Kontakt: Katze sitzt in einer Box, der Hund ist angeleint. Beschnuppern lassen, in den nächsten Tagen wiederholen.
- ✔ Hat sich die Abwehr gelegt, beide frei lassen. Der Katze jedoch eine Fluchtmöglichkeit einräumen, etwa einen erhöhten Platz.

Verhalten der Katze

Das Verhalten der Katze wird von ihrem einzelgängerischen Wesen bestimmt. Körperbau und Sinnesorgane sind auf kleine, allein zu überwältigende Beutetiere spezialisiert, die Körper- und Lautsprache ist ausdrucksstark.

Fähigkeiten

Aufgrund ihres geschmeidigen und muskulösen Körpers ist die Katze zu den vielfältigsten Bewegungen und Verrenkungen fähig. Sie springt aus dem Stand über einen Meter hoch und ebenso weit, schleicht extrem langsam und kontrolliert, sprintet explosionsartig, galoppiert, klettert und balanciert mit traumhafter Sicherheit. Wenn sie fällt, landet sie immer auf allen vieren. Die Krallen an den Vorderpfoten können eingezogen, die Fellhaare bei Erregung aufgerichtet werden. Auch die Sinne sind sehr fein auf ihr Dasein als Jägerin abgestimmt. Sie kann in Frequenzbereichen bis zu 65 Kilohertz hören und punktgenau auf die huschende Maus springen, in der Dämmerung fast genauso gut sehen wie bei Tag und sich mit ihren Tasthaaren sogar im Dunkeln orientieren. Geruchs- und Geschmackssinn komplettieren ihre Sinneswahrnehmungen.

Rauf ist ja noch einfach, aber runter wird's schwierig.

Verhaltens-ABC

Körper- und Lautsprache geben Auskunft über die Gemütsverfassung der Katze.

CHECKLISTE

Katzensprache

- ✔ **Entspannung:** Sitzt mit über die Pfoten oder nach hinten gelegtem Schwanz. Fell glatt. Ohren nach vorn oder leicht nach außen gerichtet. Augen ruhig oder blinzelnd, Pupillen normal. Schnurrhaare wenig gefächert.
- ✔ **Begrüßung:** Kopf erhoben, Schwanz hoch aufgerichtet, Beine gestreckt. Ohren nach vorn gerichtet. Augen wach und weit geöffnet. Miauen, Gurren.
- ✔ **Aufmerksamkeit:** Gespannte Körperhaltung, zuckende Schwanzspitze. Ohren gespitzt nach vorn gedreht. Augen groß und rund. Eventuell Maunzen.
- ✔ **Angriffslust:** Leicht geduckte Haltung. Fell an Rücken und Schwanzansatz gesträubt. Ohren hoch gestellt und nach hinten gedreht. Pupillen verengt. Knurren, Fauchen, Heulen.
- ✔ **Abwehrbereitschaft:** Katzenbuckel, gesträubte Rückenhaare. Ohren seitlich weggeklappt. Pupillen weit geöffnet. Fauchen.
- ✔ **Attacke:** Geduckte Haltung, gesträubte Haare, hin und her peitschender Schwanz. Pupillen verengt. Lautes Kreischen.

1 Abwehr

Die Katzen sitzen im rechten Winkel zueinander, die Vorderpfoten nebeneinander gestellt, den Schwanz um den Körper gelegt. Die Ohren sind seitlich weggeklappt, die Pupillen groß und die Schnurrhaare zurückgelegt. In dieser abwartenden Haltung verharren sie eine Weile, ohne sich aus den Augen zu verlieren.

2 Kampf

Plötzlich wirft sich die eine Katze auf die andere und fängt eine Balgerei an. Die andere rollt sich blitzschnell auf den Rücken und pariert mit Zähnen und Krallen. Bei kleinen Katzen bleibt es bei einem spielerischen Schlagabtausch, während erwachsene Kater sich einen blutigen Kampf liefern können.

Körpersprache: Sie besteht aus dem Zusammenspiel von Bewegungen und Haltungen, die von Gesten des Schwanzes begleitet werden. Ohren, Augen, Lippen und Tasthaare verleihen der jeweiligen Stimmung einen typischen Gesichtsausdruck, wobei die Sprache der Ohren am deutlichsten ist. Diese sind sehr beweglich und können aufgestellt, weggeklappt und nach vorn oder hinten gedreht werden. Oft ist die Mimik recht unauffällig, sodass man gut aufpassen muss, um sie richtig zu interpretieren. Wer sich da nicht auskennt, bekommt es schmerzlich zu spüren.

Lautsprache: Sie begleitet die verschiedenen Stimmungen mit Tönen. Miauen und Gurren gibt Samtpfote in allen Lebenslagen von sich, Schnurren bedeutet Wohlbehagen, aber auch eine Art Selbstberuhigung bei Angst und bei Begegnungen mit friedlichen Absichten. Wenn eine Beute unerreichbar ist, schnattert die Katze. Fauchen und Knurren sind Warn- und Drohlaute, Kreischen ertönt in größter Bedrängnis oder nach der Begattung, geheult wird kurz vor dem Kampf.

Markierungssprache: Sie dient der Kommunikation unter Artgenossen. Markiert wird mit Urin und Kot sowie dem Sekret von Duftdrüsen. Diese befinden sich zwischen den Zehen, an den Wangen, unterm Kinn und auch am Schwanzansatz. Durch Kratzen an einem Baum werden also nicht nur die Krallen geschärft, sondern auch Duftspuren hinterlassen. Und wenn sich Mieze an Ihrem Bein reibt, setzt sie ihre Duftmarke daran.

Verhaltensdolmetscher

Katzen

Kennen Sie die Katzensprache? Hier erfahren Sie, was Mieze mit ihrem Verhalten ausdrücken möchte ? und wie Sie richtig darauf reagieren ➔.

Das Kätzchen hat sich unter einer Decke verkrochen.

? Es sucht Geborgenheit in einer »Höhle«.

➔ Bieten Sie ihm noch andere Rückzugsmöglichkeiten an, zum Beispiel eine Kuschelhöhle oder ein Schlafhäuschen.

Die Katze räkelt sich auf einer Mauer in der Sonne und gähnt.

? Sie frönt ihrer Lieblingsbeschäftigung: Faulenzen und Beobachten.

➔ Sorgen Sie auch in der Wohnung für so einen gemütlichen Aussichtsplatz.

Bewegungslos und doch voller Spannung lauert die Katze im Gras.

? Sie hat eine Beute im Visier und wird gleich blitzschnell zupacken.

→ Schimpfen Sie sie nicht, Jagen ist Katzenart.

Das Kätzchen sitzt auf einem hohen Ast und maunzt kläglich.

? Es traut sich von allein nicht mehr hinunter.

→ Lehnen Sie eine Leiter an den Baum, dann lernt es, sich selbst zu helfen.

Die Katze hat die Hand umklammert und beißt in Ihren Finger.

? Sie verwechselt Ihre Hand mit einer Beute und attackiert sie mit Zähnen und Krallen.

→ Unterbrechen Sie das Spiel, bis sich die Katze beruhigt hat.

Die Katze klettert auf einen Baum.

? Sie ist auf der Jagd nach Vögeln.

→ Hängen Sie ihr ein Glöckchen um oder befestigen Sie eine Schutzmanschette um den Stamm.

Katzen-Kinder

Sind Sie Besitzer/in einer frei laufenden Kätzin, wird diese Ihnen in regelmäßigen Abständen Nachwuchs bescheren. Die Aufzucht der niedlichen Rasselbande wird Ihnen sicher viel Freude bereiten. Doch dann erhebt sich die drängende Frage: Wohin mit den Jungen? Um diesem Problem aus dem Weg zu gehen, empfiehlt sich die rechtzeitige Kastration der Katze (→ Tipp rechts).

Huch, erst einmal skeptisch gegenüber allem Fremden.

Werbung und Paarung

Eine rollige Katze läuft unruhig hin und her, sie frisst kaum, wälzt sich auf dem Boden und miaut ununterbrochen. Der Kater muss nach einem strengen Ritual der Anziehung und Abwehr um sie werben. Zeigt sich die Katze schließlich zur Paarung bereit, kommt es meist zu mehreren Deckakten, oft auch noch mit anderen Katern.

Tragzeit und Geburt

➤ Nach etwa drei bis vier Wochen werden die Zitzen fest und rosig und beginnen sich aufzustellen. Ab der fünften Woche wird der Bauch sichtlich runder.

➤ Als Wurflager einen Pappkarton (40 x 50 Zentimeter mit 30 Zentimeter hohem Rand) mit einer dicken Lage Zeitungspapier auslegen, darüber ein sauberes Tuch breiten. Das Lager an einem ruhigen, warmen Ort aufstellen (etwa 22 °C), dann kann Mieze sich daran gewöhnen.

➤ Der Geburtstermin errechnet sich aus dem ersten Decktag plus 63 Tage. Sieben Tage davor oder danach sind noch normal.

➤ Die Geburt kündigt sich durch unruhiges Verhalten der Katze an. Kurz davor verliert sie das Fruchtwasser, bald darauf wird das erste Junge in der Fruchthülle aus-

TIPP

Wissenswertes zur Kastration

➤ Kastration ist die Entfernung der Eierstöcke bei der Katze, die Entfernung der Hoden beim Kater. Sie wird ambulant vom Tierarzt vorgenommen.

➤ Bester Zeitpunkt: beim Kater kurz vor Erreichen der Geschlechtsreife (mit ca. neun Monaten), bei der Katze nach der ersten Rolligkeit (mit ca. sechs Monaten).

➤ Sie ist sinnvoll, um die ohnehin schon große Anzahl herrenloser Katzen nicht noch zu vergrößern; um zu verhindern, dass der Kater markiert und streunt, mit Nebenbuhlern kämpft und verletzt wird.

getrieben. Die Mutter beißt die Nabelschnur durch, frisst die Nachgeburt und leckt das Kleine trocken. So werden nach und nach alle Jungen geboren.

Entwicklung der Jungen

1. bis 7. Tag: Noch blind und taub, aber behaart. Gewicht 70 bis 130 Gramm. Tastend finden die Jungen zu den Zitzen und fangen an zu saugen, indem sie den Milchfluss durch Treteln mit den Vorderpfoten anregen. Das Vertrauen der Mutter zum Menschen wird auf die Jungen übertragen.
8. bis 12. Tag: Gewicht hat sich verdoppelt, Augen öffnen sich. Schnurren beim Saugen. Gesteigertes Interesse an der Umwelt.
13. bis 20. Tag: Krabbeln und über den Kistenrand schauen. Bewegungen zielstrebiger. Keine Angst vor vertrauten Menschen, fremde werden angefaucht.
21. bis 25. Tag: Erste Schritte außerhalb der Kiste, tollpatschiges Spielen. Milchzähne wachsen.
3. bis 4. Woche: Erste feste Nahrung, Benutzung des Katzenklos der Mutter abgeschaut. Die Scheu vor Menschen wird abgebaut durch Streicheln und Hochnehmen.
5. bis 6. Woche: Springen und Klettern, Fangen und Jagen. Die Mutter bringt Beutetiere und spielt mit den Kindern.
7. bis 8. Woche: Selbstständigkeit wächst, auch wenn Kontakt zu Mutter und Geschwistern noch sehr wichtig ist. Spiel mit dem Menschen festigt das Vertrauen zu ihm.
3. bis 4. Monat: Die Kätzchen können in ein neues Zuhause abgegeben werden. Vorher impfen lassen (→ Seite 47).

Ab der fünften Woche lehrt die Mutter ihre Kinder die Feinheiten des Katzenlebens.

Fragen rund ums Eingewöhnen

Meine alte Katze verträgt sich nicht mit dem kürzlich ins Haus geholten jungen Kätzchen. Was soll ich tun?
Ihre alte Katze ist eifersüchtig, denn wahrscheinlich hat sich Ihre Aufmerksamkeit mehr auf den süßen Katzenkobold mit seinen drolligen Spielen gerichtet. Schenken Sie ihr besondere Zuwendung und zeigen Sie ihr, dass sie nach wie vor die erste Geige spielt. Vielleicht haben Sie ihr aber auch zu wenig Zeit gelassen, sich an den Neuankömmling zu gewöhnen. Fangen Sie noch einmal von vorne an (→ Seite 32).

Meine Katze ist nun schon fast ein Jahr alt und immer noch sehr scheu. Wie kann ich sie an mich gewöhnen?
Sie dürfen die Zuneigung der Katze auf keinen Fall erzwingen, das heißt, sie nicht durch die Wohnung verfolgen und gegen ihren Willen streicheln. Geben Sie ihr häufig kleinere Mahlzeiten, um sie über das Futter an Sie zu gewöhnen. Sprechen Sie dabei sanft mit ihr. Dann verbindet sie Ihre Person nur mit Positivem. Spielen Sie mit ihr, um sie anzulocken. Streicheln Sie die Katze aber erst, wenn sie Sie dazu auffordert.

Meine Katze ist trächtig. Muss ich bei ihrer Ernährung etwas beachten?
Geben Sie ihr hochwertiges Futter. Die Futterration beträgt pro Tag ungefähr 400 Gramm, die Sie auf drei bis vier Portionen verteilen. Im Fachhandel gibt es spezielles Futter für trächtige und säugende Katzen, das auf deren spezielle Bedürfnisse abgestimmt ist.

Ich bin umgezogen. Nun weckt mich meine Katze jede Nacht kläglich maunzend. Was hat sie?
Katzen sind Gewohnheitstiere. Sie lieben die Routine, die gleichen Abläufe, Plätze, Rituale. Und nun ist alles ganz anders. Auch wenn Sie dafür gesorgt haben, dass die Wohnung wieder katzengerecht ist, muss Mieze neue »Trampelpfade« anlegen, und das widerspricht erst mal ihrem Bedürfnis nach Bestän-

Im Garten ist es ja so spannend, doch gegen Ausbüxen sollte er gesichert sein.

digkeit. Spielen und schmusen Sie vor dem Schlafengehen viel mit ihr, dann ist sie vielleicht so müde, dass sie in der Nacht nicht mehr auf den Beinen sein mag.

? Meine Katze ist plötzlich unsauber – was kann ich tun?
Katzen sind von Natur aus reinliche Tiere. Unsauberkeit ist also immer ein Zeichen, dass etwas nicht stimmt. Versuchen Sie, die Ursache herauszufinden, etwa viel Unruhe im Haus, neue Einrichtungsgegenstände, ein Baby, das die Aufmerksamkeit von der Katze abwendet, ein Katzenklo, das nicht mehr gefällt. Auch gesundheitliche Probleme können dafür verantwortlich sein, etwa eine Nierenerkrankung oder Diabetes. Manchmal kommt man der Sache nicht gleich auf die Spur. Verlieren Sie nicht die Geduld und entziehen Sie Ihrer Katze vor allem nicht Ihre Zuwendung, denn das würde den Stress nur erhöhen. Loben Sie sie jedes Mal, wenn sie aufs Katzenklo gegangen ist, und beschäftigen Sie sich viel mit ihr, damit Sie noch besser über ihre Bedürfnisse Bescheid wissen.

? Ich habe eine Katze aus dem Tierheim. Was kann ich gegen ihre Zerstörungswut unternehmen?
Da Sie vielleicht nur wenig über die Vergangenheit der Katze wissen, müssen Sie erst die Ursache herausfinden. Ein Grund dafür könnte Langeweile sein. Vielleicht sind Sie den ganzen Tag berufstätig, und das kennt die Katze nicht von ihrem Vorbesitzer. Spielen Sie regelmäßig mit ihr, wenn Sie nach Hause kommen. Die Katze wird sich daran gewöhnen und sich auf Ihre Heimkehr freuen. Vielleicht behagt Mieze aber der Kratzbaum nicht, weil er am falschen Platz steht, das Material nicht stimmt, er wackelt. Probieren Sie aus, woran es liegen könnte. Decken Sie gleichzeitig Möbel, Teppich oder Tapete mit einer Wachstuchdecke ab; da sich die glatte Oberfläche beim Kratzen unangenehm anfühlt, wird die Katze davon ablassen. Wenn die Katze aufgrund ihres Fehlverhaltens ins Tierheim kam, existiert dieses Problem schon lange und Sie werden ihm nicht allein beikommen. Dann sollten Sie sich an einen Verhaltensexperten wenden.

MEINE TIPPS FÜR SIE

Katrin Behrend

So klappt die Eingewöhnung

- Ob Katzenkind oder erwachsene Katze – für die Eingewöhnung braucht es viel Zeit, Geduld und Liebe.
- Ein Kätzchen wird die Trennung von Mutter und Geschwistern nicht ganz so schmerzlich empfinden, wenn ein vertraut riechender Gegenstand in seinem Schlafkörbchen liegt.
- Vermeiden Sie am ersten Tag Lärm, Hektik, laute Musik und halten Sie andere Heimtiere noch fern.
- Über einen Umzug kommt Ihre Katze leichter hinweg, wenn Sie in der neuen Wohnung gleich einen Raum mit ihren Sachen einrichten und die Katze von dort aus die fremde Umgebung langsam erforschen kann.
- Lassen Sie Ihre Katze den Garten erst erkunden, wenn sie drinnen heimisch geworden ist. Sorgen Sie dafür, dass sie sich zurückziehen kann, sobald sie vor etwas erschrickt. Wie eine Katzenklappe funktioniert, lernt sie später.

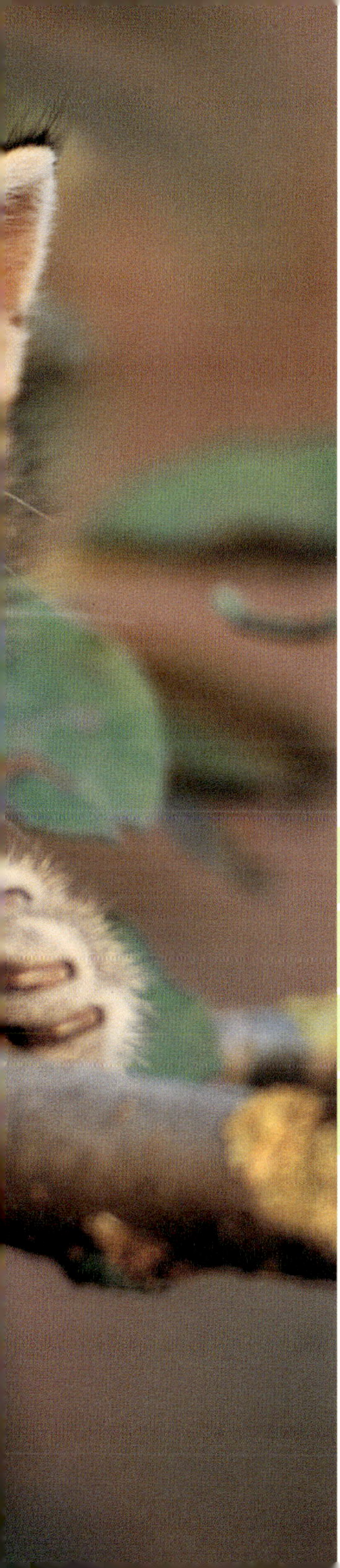

Fit-und-gesund-Programm

Gesundheitsvorsorge

Im Allgemeinen sind Katzen zäh, widerstandsfähig, abgehärtet und robust. Unterstützen Sie diese wunderbare Veranlagung, indem Sie Ihre Samtpfote richtig ernähren, gut pflegen (→ Seite 48), art-

Mehrmals täglich putzen: Nur so fühlen Katzen sich wohl.

gerecht halten und liebevoll mit ihr umgehen. Dazu kommen noch die jährlichen Impftermine und die Entwurmung.

Die richtige Ernährung

Katzen sind Fleischfresser. In der Natur ernähren sie sich hauptsächlich von Mäusen, ab und zu einem Vogel, Insekten, Gras und gelegentlich einem Ei. Abwechslung gibt es also so gut wie keine. Sie ist auch nicht nötig, denn das Nährstoffangebot, das Katzen in ihren Beutetieren vorfinden, ist optimal.

Tierisches Eiweiß (Protein) brauchen Katzen täglich, um gesund zu bleiben, d. h. Nahrung mit hohem Anteil an Fleisch. Dadurch erhalten sie auch die lebenswichtige Aminosäure Taurin, die für die gesunde Entwicklung von Augen, Herz und Gehirn wichtig ist. Eiweiß liefert Energie und sorgt für Muskelaufbau, Erneuerung des Körpergewebes, Haarwachstum und die richtige Verdauung. Gute Eiweißlieferanten sind Muskelfleisch, Fisch, Eier, Leber oder Sauermilchprodukte.

Fett spendet doppelt so viel Energie wie Eiweiß. Es enthält die essenziellen Fettsäuren (ausschließlich in tierischen Fetten) und ist für die Verwertung der fettlöslichen Vitamine A, D, E und K wichtig. Fett braucht die Katze für gesunde Haut und glänzendes Fell, die Aufrechterhaltung des Immunsystems, Wachstum und Fruchtbarkeit. Gut geeignet sind die leicht verdaulichen Fette in Fleisch und Geflügel sowie Mais- oder Distelöl, aber auch Lachs- oder Nachtkerzenöl.

Kohlenhydrate sind wichtige Energielieferanten, sie stecken z. B. in Getreideflocken, Reis, Nudeln und Kartoffeln. Pflanzliche Produkte dürfen nur gekocht (sonst für Katzen nicht verwertbar) und nur in kleinen Mengen (etwa zehn Prozent) unters Futter gemischt werden.

Ballaststoffe sind schwer oder unverdauliche Bestandteile der Nahrung und haben eine darmregulierende Wirkung (→ Katzengras, Seite 23). Reich an Ballaststoffen sind z. B. Vollreis, Getreideflocken oder Weizenkleie.

Vitamine und Mineralien unterstützen in kleinsten Mengen die Körperfunktionen, wie die von Augen, Haut und Schleimhäuten, Knochen, Nerven, Zähnen und Stoffwechsel. Sie dürfen in der Katzennahrung nur in ausgewogener Menge vorhanden sein. Sowohl ein Zuviel als auch ein Zuwenig hat gesundheitliche Probleme zur Folge.

Fertigfutter

Fertigfutter ist praktisch und ausgewogen, das heißt, es liefert alle notwendigen Nähr- und Vitalstoffe im richtigen Verhältnis. Legen Sie Wert auf hochwertiges Fertigfutter (→ Checkliste, rechts).

Man unterscheidet zwischen Feucht- und Trockenfutter: **Feuchtfutter**, meist in Dosen, ist lange haltbar und enthält oft keine Konservierungsstoffe. Der Wassergehalt beträgt 70 bis 80 Prozent, die Katzen müssen also nicht so viel trinken.

Nachteile: Durch die weiche Konsistenz werden Zähne und Zahnfleisch kaum beansprucht, außerdem verdirbt der Inhalt geöffneter Dosen schnell und muss gekühlt aufbewahrt werden.

Trockenfutter ist hoch konzentrierte Vollwertnahrung. Es enthält kaum Wasser und muss weniger verfüttert werden. Allerdings darf ein stets gefüllter Wassernapf nicht fehlen. Vorteil: Es verdirbt nicht im Napf.

> *Sind zwei Katzen im Haus, braucht jede ihren eigenen Futternapf.*

Futter selbst zubereiten

Wenn Sie für Ihre Mieze kochen wollen, bestimmen Sie selbst die Qualität der Zutaten und wissen, was Sie verfüttern. Ohne ausreichendes Wissen über die Nährstoffzusammensetzung kann Selbstgemachtes der Katze allerdings sehr schaden.

➤ Fleisch nur gekocht verwenden; rohes Fleisch kann gefährliche Krankheitserreger enthalten.

CHECKLISTE

Hochwertiges Fertigfutter

- ✔ An erster Stelle der Zutaten steht die Fleischsorte mit dem höchsten Anteil in Prozent.
- ✔ Muskelfleisch von Huhn/Lamm und Hühnerleber liefern das beste Eiweiß.
- ✔ Auch die Schlachtnebenprodukte sollten einzeln aufgeführt sein.
- ✔ Natürliche Antioxidanzien (schützen das Fett vor dem Ranzigwerden) wie Vitamin C und E sind chemischen vorzuziehen.
- ✔ Je niedriger die Fütterungsempfehlung auf der Packung, desto energiereicher und besser verwertbar ist das Futter.

➤ Fisch gekocht und entgrätet reichen.

➤ Fett am besten in Form von Fleisch. Der Fettanteil im Futter sollte aber 25 Prozent nicht übersteigen.

➤ Für Kohlenhydrate und Ballaststoffe wenig gekochte Getreidevollkornflocken und Gemüse, zum Beispiel Karotten, Zucchini und Brokkoli.

➤ Vitamin- und Mineralienpräparate (Zoofachhandel oder Tierarzt) sind unentbehrlich.

So ein dichtes, glänzendes Fell bekommt Mieze nur mit gutem Futter.

Was Katzen trinken

Im Allgemeinen trinkt Mieze wenig, vor allem wenn sie viel Feuchtfutter oder Selbstgekochtes isst. Stellen Sie Wasser an verschiedenen Orten im Haus oder in der Wohnung auf. Das ist artgerecht, denn auch in der Natur versorgen sich Katzen an verschiedenen Quellen. Allerdings nicht neben dem Futternapf, denn dann ist Wasser für sie geruchlose Nahrung, für die sie sich nicht interessieren.
Milch eignet sich nicht als Getränk, da sie bei Katzen wegen des Milchzuckers (Laktose) Verdauungsstörungen hervorrufen kann. Joghurt, Quark und Dickmilch hingegen sind bekömmlich.

Gesunde Fressgewohnheiten

Ich empfehle Ihnen, der Katze von Anfang an gesunde Fressgewohnheiten beizubringen und diese auch konsequent einzuhalten.
Regelmäßige Fütterungen: Gewöhnen Sie Ihre erwachsene Katze an zwei Mahlzeiten pro Tag und diese zu bestimmten Zeiten. Was sie nach einer Stunde noch nicht verspeist hat, entfernen. Den Futternapf immer gefüllt halten, hat sich als falsch erwiesen. Eine Katze, die den ganzen Tag das Futter riechen und daran knabbern kann, hat nie richtig Appetit, wird heikel und magert ab. Oder sie frisst aus Langeweile und nimmt übermäßig zu.
Nicht zu viel Abwechslung: Wenn Sie Ihrer Katze zu schnell etwas anderes anbieten, sobald sie mal aus dem einen oder anderen Grund nicht frisst, wird sie ziemlich bald heikel. Sie merkt, dass sie mit Hungern Ihre Aufmerksamkeit auf sich ziehen und schließlich doch den begehrten Leckerbissen noch ergattern kann.

Impfungen

Die Grundimmunisierung erhält das Katzenkind ab der neunten Woche. Dazu muss es gesund und parasitenfrei sein, was der Tierarzt anhand einer Kotprobe feststellen kann. Geimpft wird gegen Katzenseuche, Katzenschnupfen, Tollwut, Leukose und Bauchfellentzündung oder FIP (→ Impfplan, rechts). Jeder Impfung sollte eine Entwurmung vorausgehen, denn Katzen mit Würmern können keinen ausreichenden Impfschutz aufbauen.

Entwurmung

➤ Kätzchen werden erstmals mit zwei Wochen, danach bis zur Entwöhnung wöchentlich entwurmt.

➤ Frei laufende Katzen werden mindestens zweimal im Jahr entwurmt, reine Wohnungskatzen einmal pro Jahr oder bei Wurmbefall (Kotuntersuchung).

➤ Trächtige Katzen werden zwei Wochen vor der Geburt und danach alle zwei Wochen bis zum Absetzen der Kätzchen entwurmt.

Wasser aus dem Teich schlabbern – ein Riesenspaß. Dabei kommt Jagdinstinkt auf.

Impfplan

Impfung gegen	Grundimmunisierung		Auffrischungsimpfung
	1. Impfung im Alter von	Wiederholung im Alter von	
Katzenseuche*	9 Wochen	12 Wochen	nach 1 Jahr, dann alle 2 Jahre
Katzenschnupfen*	9 Wochen	12 Wochen	jährlich
Leukose**	16 Wochen	20 Wochen	jährlich
Tollwut	12 Wochen		jährlich
FIP	16 Wochen	20 Wochen	jährlich

Hinweis: Der volle Impfschutz hat sich meist erst nach etwa vier Wochen aufgebaut. Es kann aber auch vorkommen, dass auf eine Impfung im Organismus der Katze keine Abwehrkörper gegen die entsprechende Krankheit gebildet werden.

* Mit zunehmendem Alter sind regelmäßige Impfungen gegen Katzenseuche und Katzenschnupfen nicht mehr so nötig, da die Anfälligkeit dafür abnimmt.

** Gegen Leukose kann auch früher geimpft werden (mit 9 Wochen).

Katzenpflege

Regelmäßige Pflege bedeutet nicht nur Zuwendung, sondern gleichzeitig Kontrolle, denn dabei lassen sich Krankheitsanzeichen feststellen.

Körperpflege

➤ Kurzhaarkatzen nur während des Fellwechsels täglich die losen Haare ausbürsten. Bei der anschließenden Pflege mit dem Noppentuch oder -handschuh wird die Katze gleichzeitig massiert.

TIPP

Der Gang zum Tierarzt

- ➤ Notieren Sie Ihre Beobachtungen bezüglich der kranken Katze.
- ➤ Transportieren Sie die Katze in einer Box. Diese schon vorher aufstellen, um Mieze daran zu gewöhnen.
- ➤ Lassen Sie sie im Wartezimmer nicht hinaus, und tragen Sie die Katze in der Box auch in den Behandlungsraum.

➤ Halblanghaar- und Langhaarkatzen täglich kämmen und bürsten. Vor allem bei Persern verfilzen die Haare sonst zu stark.

➤ Baden Sie Ihre Katze nur, wenn sie sehr verschmutzt ist.

➤ Zu lange Krallen bei Wohnungskatzen mit einer Spezialzange (Zoofachhandel) kürzen. Selbstverständlich nur die nicht durchbluteten Spitzen abschneiden. Lassen Sie sich die richtige Schneidetechnik vom Tierarzt zeigen.

➤ Zähne reinigen sich beim Zerkauen von Trockenfutter oder Büffelhautknochen von selbst. Ein junges Kätzchen lässt sich aber auch ans Zähneputzen gewöhnen. Zahnbelag und Mundgeruch weisen auf Zahnstein hin, den der Tierarzt entfernen sollte.

➤ Die Ohrmuscheln mit einem angefeuchteten Papiertaschentuch reinigen. Schmutz in den Ohren, Schiefhalten und Schütteln des Kopfes sind Anzeichen für Ohrmilben, die der Tierarzt behandeln muss.

➤ Die Augen mit einem feuchten Tuch reinigen.

Störungen und Krankheiten

Eine kranke Katze sitzt meist lustlos herum, frisst nicht und kratzt sich mehr als üblich. Weitere Merkmale können ständiger Durst, Durchfall, häufiges Erbrechen, Fieber, Husten oder starke Abmagerung sein. Bei einigen Krankheitsanzeichen können

Akupressur – Entspannung pur und sanfte Heilung für Ihre Katze.

1 Augenpflege

Um Tränenfluss oder Verklebungen an den Augen zu entfernen, bitte immer von der Seite oder von oben her mit einem feuchten Tuch wischen.

2 Zahnkontrolle

Durch sanften Druck mit Daumen und Zeigefinger auf die Mundwinkel öffnet Mieze ihr Mäulchen, und Sie können die Zähne begutachten.

3 Fellpflege

Halblanghaar- und Langhaarkatzen wollen regelmäßig gekämmt und gebürstet werden. Dabei können Sie das Fell auf Parasiten untersuchen.

Sie Ihrem Liebling selbst helfen (→ Tabelle, Seite 50). In allen anderen Fällen sollten Sie nicht zögern und umgehend einen Tierarzt aufsuchen.

Auf Menschen übertragbare Krankheiten

Tollwut: Katzen mit Freilauf müssen gegen diese tödlich verlaufende Infektionskrankheit geimpft werden, bei Wohnungskatzen ist die Impfung nur dann nötig, wenn sie ins Ausland reisen.
Toxoplasmose: Gefährlich für schwangere Frauen, da das ungeborene Kind schwer geschädigt werden kann. Arzt auf Katzenhaltung hinweisen und zweimal im Abstand von sechs Wochen Blut untersuchen lassen.
Hautpilz: Der Befall äußert sich in Haarausfall und Juckreiz. Da dieser häufig sehr hartnäckig ist, rechtzeitig zum Tierarzt gehen. Gegen Wiederansteckung alles, womit die Katze in Kontakt kommt, desinfizieren. Die Katze selbst nur mit Handschuhen berühren.
Spul- und Bandwürmer: Dagegen schützt die prophylaktische Entwurmung der Katze (→ Seite 47).
Flöhe, Zecken: Gegen Flöhe helfen Suspensionen zum Einnehmen, Spot-on-Präparate, die auf das Nackenfell getropft werden, Puder oder Shampoos. Zecken mit einer Pinzette aus der Haut drehen; der Kopf darf nicht stecken bleiben. Vorbeugend wirken Duftöle, Ungezieferhalsband oder homöopathische Mittel.

Sanfte Heilmethoden

Viele Tierhalter wünschen sich auch für ihre Katzen eine natürliche, möglichst nebenwirkungsfreie Behandlung. Hier kurz die wichtigsten:

➤ Die Homöopathie wendet Mittel in hoher Verdünnung an, die die Selbstheilungskräfte des Körpers anregen, die Krankheit zu überwinden.

➤ Die Akupunktur/Akupressur kann Energieblockaden lösen, Heilungsprozesse beschleunigen und das Immunsystem stärken.

Abhilfe bei Krankheitsanzeichen

Symptome	Mögliche Ursachen (die Sie evtl. selbst abstellen können)	Zum Tierarzt, wenn diese Symptome hinzukommen
Sitzt lustlos herum, frisst nicht	Langeweile, keine Anregung zum Spielen, lehnt Futter ab	Speicheln, Erbrechen, Durchfall, Fieber
Durchfall	Futterumstellung, verdorbenes Futter, zu gierig gefressen, Milchunverträglichkeit	Fieber, Erbrechen, wässriger/schaumiger/blutiger Durchfall, Abgang von Parasiten
Erbrechen	Überfressen, beim Putzen verschluckte Haare, zu kaltes Futter	Durchfall, Fieber, gespannter Bauch, Schmerzen, kein Kotabsatz
Frisst übermäßig viel	Nachholbedarf nach Streuntagen, Futterneid	Nickhautvorfall, Abmagerung, trinkt viel
Haarausfall	Haarwechsel	Ruhelosigkeit, Juckreiz, Würmer im Kot
Harnabsatz, vermehrt	Harnspritzen, viel getrunken, Unruhe vor der Geburt	Abmagerung, blutiger Urin, Schmerzen, Scheidenausfluss
Harnabsatz, vermindert	Kalte Jahreszeit, viel unterwegs	Bauch voll, hart und schmerzhaft, Apathie, Fieber
Hautausschlag	Kleiner, begrenzter Bezirk: zu viel Trockenfutter, Flohstich	Haarausfall, Juckreiz, Rötung, Schuppung
Husten	Zugluft, schneller Wechsel zwischen warm und kalt	Fieber, Atembeschwerden, Augenentzündung, Speicheln
Juckreiz am Ohr	Leichte Rötung im Ohr: Bissverletzung, Zecke	Ausfluss, Rötung, Schwellung
Mundgeruch	Stark riechendes Fressen (Fisch)	Speichelausfluss, frisst nicht, Würgen
Niesen	Staub, Grannen oder Fremdkörper in der Nase	Schnupfen, Nasenausfluss, Fieber, Augentränen
Pressen ohne Absetzen von Kot oder Urin	Verstopfung wegen Haarwechsel	Apathie, Ruhelosigkeit, Schmerzen, blutiger Ausfluss
Trinkt übermäßig viel	Heiße Jahreszeit, viel Trockenfutter	Unnatürlich großer Stuhl, häufiges Wasserlassen, frisst viel
Verstopfung	Zu viel Trockenfutter, Haarwechsel	Harter Bauch, Herz und Puls beschleunigt, Schmerzen

➤ Bei der Bach-Blütentherapie wirken Blütenessenzen auf Seelenzustände ein und helfen damit, verbundene körperliche Beschwerden abzubauen.

➤ Als Tellington-Touch oder TTouch bezeichnet man ein sanftes Massieren zur Beruhigung und Beseitigung von Stress.

Krankenpflege

➤ Die kranke Katze in einen flachen Karton oder Korb auf ein Kissen mit auswechselbarem Bezug legen und an einen warmen, zugfreien Ort stellen. Bei ansteckenden Krankheiten isolieren, wenn Sie noch andere Katzen halten.

➤ Fieber messen geht am besten zu zweit. Einer hält die Katze an Schultern und Vorderpfoten fest, der andere misst. Dazu den Schwanz leicht anheben und das mit Creme eingefettete Thermometer ca. zwei Zentimeter in den After einführen. Normaltemperatur bei Katzen: 38 bis 39,2 °C.

➤ Tabletten in leckerem Futterbrocken »verpacken« oder direkt geben. Dazu das Mäulchen öffnen (→ Foto, Seite 49) und die Tablette so weit wie möglich in den Rachen schieben. Das Mäulchen zuhalten und die Kehle sanft massieren, bis die Katze die Tablette geschluckt hat.

➤ Tropfen mit Einwegspritze (ohne Nadel!) verabreichen. Oder auf die Pfote träufeln, von dort leckt sie die Katze ab, sofern sie ihr munden.

➤ Augentropfen oder -salbe: Das Lid der Katze mit Daumen und Zeigefinger leicht auseinanderziehen und zwei bis vier Tropfen oder einen Salbenstrang in das Unterlid eingeben. Dann das geschlossene Lid mit kreisenden Bewegungen leicht massieren, um das Mittel zu verteilen.

➤ Ohrentropfen: Die Ohrmuschel leicht anheben, das Fläschchen in den Gehörgang einführen und das Mittel einträufeln. Den Ohrengrund von außen massieren, um das Mittel im Ohr zu verteilen.

Die alte Katze

Mit zunehmendem Alter ist eine Katze nicht mehr so gelenkig, liegt gern auf ihrem weichen Kissen und mag es ruhig. Seien Sie vor allem lieb mit ihr, und lassen Sie sie etwa alle drei bis vier Monate vom Tierarzt untersuchen. Leidet Ihre Katze an einer unheilbaren Krankheit oder kann sie nicht mehr ohne Schmerzen leben, sollte sie der Tierarzt von ihrem Leiden erlösen und einschläfern. Er verabreicht ihr eine Spritze, mit der sie ganz schnell einschläft. Halten Sie sie dabei im Arm, streicheln Sie sie und reden Sie mit ihr, dann wird sie kaum Angst empfinden. Im eigenen Garten dürfen Sie die Katze in einem Meter Tiefe begraben. In vielen Städten gibt es jetzt auch Tierfriedhöfe (Adressen beim Tierschutzverein oder Tierarzt).

In die Jahre gekommen, neigen manche Tiere zu einer »Katzenwäsche«.

Fragen rund um Ernährung und Gesundheit

Sind 170 Gramm Futter täglich für eine Katze mit 4,5 Kilogramm Gewicht nicht viel zu wenig?
Unsere Katzen ernähren sich wie ihre Vorfahren, die Falbkatzen, von Beutetieren, die ihnen alle Nährstoffe in der richtigen Zusammensetzung und Menge liefern. Deswegen hat sich im Lauf ihrer Entwicklung auch ihr Verdauungstrakt nicht geändert. So sind sie als Wohnungskatzen, die heute kaum mehr eine Maus zu Gesicht bekommen, darauf angewiesen, von uns »mausähnliche« Nahrung vorgesetzt zu bekommen. Besteht diese hauptsächlich aus optimal verwertbarem Fleisch und einem kleinen Getreideanteil, genügt einer erwachsenen Katze tatsächlich nur »so wenig« Futter (→ Seite 44 bis 46).

Können Verhaltensprobleme mit der Ernährung zu tun haben?
Durchaus, wenn auch nicht unmittelbar, sondern auf dem Umweg über die Gesundheit. Beispielsweise kann Unsauberkeit die Folge von Harnwegserkrankungen sein, die durch unausgewogenes Futter entstanden sind. Zu viel Kohlenhydrate in der Nahrung begünstigen Hyperaktivität oder Allergien, die sich zum Beispiel in Form von Durchfall, übermäßigem Putzen des Fells oder Blutigkratzen äußern und oft als unerwünschtes Verhalten falsch interpretiert werden. Ernährungsbedingte Verhaltensprobleme lassen sich in der Regel mit hochwertiger Nahrung in den Griff kriegen.

Kann ich meinen Kater (kastriert) nur mit Trockenfutter ernähren?
Wenn er ausreichend dazu trinkt, ja. Doch das ist relativ schlecht zu kontrollieren. Neigt er zu Problemen mit den Harnwegen (was viele Kastraten tun), sollten Sie auf Trockenfutter verzichten. Durch zu viel Trockenfutter

Katzenrausch vorprogrammiert: Her mit den kleinen (Katzenminze-)Mäusen!

und zu wenig Trinken wird der Urin zu konzentriert, was die Bildung von Harngrieß unterstützen kann.

? Meine Katze ist viel zu dick. Kann ich sie fasten lassen?

Fasten ist nichts für Katzen. Wenn die Katze nach kleineren Portionen zu stark bettelt, sollten Sie den Ballaststoffanteil in der Nahrung erhöhen. Ballaststoffe machen satt, aber nicht dick. Zusätzlich intensiv spielen bringt viel Bewegung, und das ist bekanntlich einer schlanken Linie dienlich.

? Soll meine Katze nicht wenigstens einmal Junge haben, bevor sie kastriert wird?

Katzen empfinden nicht in menschlichen Kategorien. Sie folgen lediglich ihrem Fortpflanzungstrieb. Ist dieser durch die Kastration ausgeschaltet, sind sie ebenso glücklich. Weder werden sie faul und träge (es sei denn, man überfüttert sie), noch ändert sich ihr Charakter. So braucht eine Kätzin keinen Wurf gehabt zu haben, um gesund und geistig ausgeglichen zu sein.

? Kann ich meine kranke Katze selbst versorgen, oder muss ich gleich zum Tierarzt gehen?

Deuten verändertes Verhalten und bestimmte Symptome auf eine Erkrankung hin, ist es wichtig, dass Sie schnell erkennen, um was es sich handelt (→ Tabelle, Seite 50), und rechtzeitig zum Tierarzt gehen. Denn im Anfangsstadium behandelt, sind die Heilungsaussichten vieler Krankheiten recht gut. Mit naturheilkundlichen Methoden können Sie den Heilungsverlauf beeinflussen. Auch Ihre liebevolle Pflege kann zur Gesundung beitragen.

? Stimmt es, dass ich meine nur in der Wohnung lebende Katze nicht impfen lassen muss?

Auf alle Fälle sollte sie gegen Katzenseuche und Katzenschnupfen geimpft sein, denn diese Infektionskrankheiten könnten Sie zum Beispiel an den Schuhen einschleppen. Und falls Sie Ihre Katze auf Ausstellungen vorstellen wollen oder mit ihr ins Ausland verreisen, muss sie auf jeden Fall gegen Tollwut geimpft sein, und zwar wenigstens 30 Tage vor Antritt der Reise.

MEINE TIPPS FÜR SIE

Katrin Behrend

Wellness-Tipps für jeden Tag

- Katzen knabbern an Gras, um Haarballen loszuwerden. Im Zoofachhandel gibt es dafür auch eine gute Malzpaste, die Sie Ihrer Langhaarkatze einmal wöchentlich geben können.
- Kämmen und bürsten Sie immer zur selben Zeit, am selben Platz und in derselben Reihenfolge. Solche Rituale liebt die Katze und wird die Pflege genießen.
- Mit Bach-Blüten können Sie positiv auf den Gemütszustand Ihrer Katze einwirken, etwa wenn sie schnell in Panik gerät. Lassen Sie sich vom Therapeuten beraten.
- Richtig streicheln entspannt die Katze: kraulen zwischen den Ohren, unter dem Kinn und zwischen den Schulterblättern, streicheln mit der flachen Hand im Fellstrich über Flanken und Rücken.
- Leckerchen eignen sich gut als Belohnung. Damit Mieze aber nicht zu dick wird, die Extra-Kalorien in der täglichen Futterration wieder einsparen.

Beschäftigungs-Programm

Katzengerechte Erziehung

Der Lernprozess von Katzenkindern vollzieht sich in den ersten zehn Wochen und beruht auf drei Grundsätzen:

➤ Die Kätzchen beobachten, was die Mutter macht, und ahmen sie nach.

Geeignetes Spielzeug lenkt Katzen von Unerwünschtem ab.

➤ Sie lernen aus guten und schlechten Erfahrungen.

➤ Sie erreichen etwas und werden es von nun an immer so machen.

Dieses Wissen brauchen Sie nur richtig umzusetzen, wenn Sie mit der Erziehung Ihres Kätzchens beginnen. Und Erziehung ist notwendig, da dürfen Sie sich nichts vormachen, sonst tanzt Ihnen der kleine Racker bald auf der Nase herum.

Erziehungsregeln

Eine Katze lässt sich zu nichts zwingen. Wenn Sie wollen, dass sie sich an Ihre Regeln gewöhnt, müssen Sie ihr auch Möglichkeiten und Alternativen zeigen und selbst zu Kompromissen bereit sein.

➤ Anbieten statt verbieten: Verbieten Sie der Katze nicht einfach, beispielsweise am Sofa zu kratzen. Bieten Sie ihr stattdessen einen Kratzbaum an, und loben Sie sie jedes Mal, wenn sie sich daran zu schaffen macht.

➤ Beständigkeit statt Veränderung: Hat sich die Katze an Plätze, eine bestimmte Katzenstreu, Zeiten und Abläufe gewöhnt, möchte sie das gern immer so haben. Das schafft Sicherheit und Vertrauen.

➤ Konsequenz statt Nachgiebigkeit: Was einmal verboten ist, muss es immer bleiben.

Aufs Katzenklo gehen

Kätzchen beginnen mit drei bis vier Wochen, aufs Klo zu gehen. Das heißt, sie kommen in der Regel schon stubenrein

TIPP

Grundregeln für den Alltag

➤ Mit der Erziehung so früh wie möglich beginnen. Dann können sich Unarten erst gar nicht festsetzen.

➤ Die Katzensprache richtig deuten lernen, damit es nicht zu Missverständnissen kommt.

➤ Routine schaffen und sich daran halten. Die Katze mag geregelte Tagesabläufe und reagiert empfindlich, wenn sie über den Haufen geworfen werden.

➤ Nicht anschreien oder bestrafen. Die Katze bekommt sonst Angst, und die Probleme werden verstärkt.

Kätzchen lernen spielend. Sie trainieren ihre Muskeln und wie man sich mit Pfoten, Krallen und Zähnen wehrt.

zu Ihnen ins Haus. Nun müssen Sie dafür sorgen, dass es auch dabei bleibt.

➤ Anfangs ein niedriges Kistchen wählen und gleich mehrere aufstellen, damit immer eines in Reichweite ist.

➤ Die Toilette für die ausgewachsene Katze muss so groß sein, dass sich Mieze bequem umdrehen und ausgiebig darin scharren kann.

➤ Das Katzenklo an einem geschützten, ruhigen Ort aufstellen – weit weg vom Futternapf – und dort belassen, wenn Mieze den Platz gut heißt und sie sich daran gewöhnt hat.

➤ Erst einmal die Streu nehmen, die die Katze bereits kennt (Vorbesitzer fragen). Eine eventuelle Umgewöhnung langsam vollziehen (→ Seite 22).

➤ Streu vier bis fünf Zentimeter hoch einfüllen. Täglich Kot und Urinklümpchen entfernen. Einmal wöchentlich vollständig leeren und das Katzenklo mit heißem Wasser gründlich reinigen.

Kratzen muss sein

Beim Kratzen schärft die Katze ihre Krallen, trainiert ihre Muskeln und markiert ihr Revier. Deshalb braucht sie

CHECKLISTE

Goldene Erziehungsregeln

- ✔ Arteigene Bedürfnisse wie Kratzen, Markieren, Klettern, Spielen oder Jagen dürfen der Katze nicht verwehrt werden.
- ✔ Erwünschtes Verhalten immer loben und durch Belohnung verstärken.
- ✔ Unerwünschtes Verhalten durch Anbieten von Alternativen umlenken.
- ✔ Nachhaltig sind auch unangenehme Erfahrungen am Ort des unerwünschten Verhaltens wie der unerwartete Spritzer aus einer Wasserpistole.
- ✔ Was heute verboten ist, darf morgen nicht erlaubt werden. Nie.

Kratzmöglichkeiten auch in der Wohnung (→ Seite 22), sonst bearbeitet sie Ihre Einrichtung. Das bedeutet aber für Sie, die Katze an die Benutzung des Kratzmöbels zu gewöhnen.

➤ Platzieren Sie das Kratzmöbel so, dass die Katze vom Schlaf- zum Futterplatz daran vorbeikommt. Beim Kratzen frischt sie ihre Markierungen auf und übt Dominanz.

Gegen Naschen am Tisch hilft nur ein konsequentes Nein.

➤ Kratzt die Katze an Sessel oder Sofa, dürfen Sie nicht schimpfen. Stellen Sie einen Kratzpfosten daran oder dicht daneben oder locken Sie die Katze zum Kratzbaum. Wenn sie ihn akzeptiert und benutzt, gibt's eine Belohnung.

➤ Kratzen Sie selbst daran, das regt Mieze zum Nachahmen an. Aber nie die Katze zum Kratzbaum tragen und mit ihren Pfoten daran kratzen; damit erreichen Sie garantiert das Gegenteil.

➤ Ein Trick: Parfümieren Sie den Kratzbaum mit Katzenminze. Das verführt ganz sicher zum Kratzen.

Betteln

Einer Katze, die am Tisch bettelt, sind gesunde Fressgewohnheiten fremd (→ Seite 46). Führen Sie feste Fütterungszeiten ein und geben Sie ihr nichts zwischendurch, auch wenn sie noch so bettelt. Wenn sie das eine Futter nicht frisst, nicht gleich ein anderes anbieten. Und bleiben Sie konsequent. Wenn Sie auch nur ein Mal schwach werden, war alles umsonst.

Pfoten weg!

Gewisse Plätze wie Herd, Küchen-/Esstisch oder Vorhänge, an denen sie hinaufklettert, müssen der Katze verleidet werden, und zwar so, dass sie diese in unangenehmer Erinnerung behält. Versuchen Sie es damit:

➤ Herd/Tisch mit doppelseitigem Klebeband bekleben. Klebrige Pfoten mag die Katze gar nicht.

➤ Schüssel voll Wasser oder Dose voll Kieselsteinchen so aufstellen, dass sie umkippen, wenn die Katze hochspringt. Diese schlechte Erfahrung will sie nur ein Mal machen.

➤ Den unteren Teil der Vorhänge mit fester Plastikfolie bedecken. Die Katze rutscht mit ihren Krallen ab und versucht es nicht mehr.

➤ »Erlaubte« Kletterplätze interessant machen, beispielsweise durch Verstecken von Leckerchen oder Befestigen von Spielzeug.

➤ Die Katze jedes Mal loben, wenn sie die angebotene Alternative benutzt.

Ferien – was nun?

Zu Hause lassen: In ihrer gewohnten Umgebung fühlt sich Mieze am wohlsten. Deshalb sollten Sie sich rechtzeitig nach einer katzenfreundlichen Person umsehen, die die Katze füttert, das Katzenklo säubert und Zeit zum Schmusen und Spielen hat. Adressen von Catsittern erhalten Sie über das Tierheim in Ihrer Nähe, das Branchenfernsprechbuch oder über das Internet.

In Pflege geben: Zu Freunden geben ist noch am unproblematischsten. Aber auch in einer Katzenpension, mit der andere Katzenhalter bereits gute Erfahrungen gemacht haben, kann sich Mieze wohlfühlen. Wegen möglicher Ansteckungsgefahr muss der Impfschutz komplett sein (→ Seite 47).

Mitnehmen: Eine Katze, die ans Reisen gewöhnt ist, fährt gern mit in die Ferien, noch dazu, wenn es immer derselbe Ort ist. Allzu lange Fahrten und ein ständig wechselnder Urlaubsort sind jedoch nicht nach ihrem Geschmack.

Bei Reisen ins Ausland die Einreisebestimmungen beachten und nötige Gesundheitszeugnisse und den Impfpass mitnehmen.

Mobile Katzen

An das Auto können Sie bereits die junge Katze gewöhnen, dann zählt es zu ihrem Revier, und später bei der Fahrt in den Urlaub gibt es weniger Probleme.

Das gilt es, zu bedenken:

➤ Sprechen Sie im Vorfeld beruhigend mit der Katze.

Reisen mag ja ganz schön sein, aber zu Hause ist es immer noch am schönsten.

➤ Geben Sie ihr am Abend vorher und während der Reise nichts zu fressen.

➤ Während der Fahrt Pausen zum Trinken einlegen.

➤ Während der Fahrt die Katze nicht aus der Transportbox lassen, auch wenn sie ruhig sitzen bleibt. Bei einem Bremsmanöver kann sie durchs Auto fliegen und die Insassen gefährden. Die Box ebenfalls mit Gurten sichern.

➤ Die Katze nicht längere Zeit allein im Auto lassen. Wenn es mal nötig ist, dann das Auto im Schatten parken. Achtung: Die Sonne wandert!

CHECKLISTE

Reisevorbereitung

- ✔ Für »Personalausweis« sorgen: Adressanhänger und/oder Tätowierung. Nummer in einer Haustier Registrierung eintragen lassen (→ Adressen, Seite 65).
- ✔ Die Katze schon ein paar Tage vor Abfahrt an die Transportbox gewöhnen.
- ✔ Das Kätzchen langsam mit dem Autofahren bekannt machen.
- ✔ Ins Reisegepäck gehören: Futter-/Trinknapf, Toilette, Streu, Dosen-/Trockennahrung, Katzengeschirr und Leine, Pflegeutensilien, Zeckenzange, Flohmittel, Wund- und Heilsalbe.

Bitte spiel mit mir

Katzen müssen spielen. Dabei leben sie ihren Bewegungsdrang aus und trainieren ihre körperlichen Fähigkeiten. In der Natur verausgaben sie ihre Energie auf der Jagd; in der Wohnung müssen dafür Spiel und Beschäftigung herhalten. Sonst werden Katzen unausgeglichen, ziehen sich apathisch zurück oder fallen aggressiv auf.

Rein in die Dose und wieder raus – für Kätzchen ein Spaß ohne Ende!

Wie Katzen spielen

Mieze spielt am liebsten mit ihrem Menschen. Das festigt die Beziehung und beschert ihr bis ins hohe Alter viel Lebensfreude.

Doch aufgepasst!

➤ Sie machen das Spielangebot, aber der kleine Racker bestimmt, wann es losgeht bzw. wann er genug hat.

➤ Gibt es eine feste Spielzeit, wird er schon darauf warten. Ideal ist abends vor der Fütterung, denn in der Natur muss sich die Katze, bevor sie ihre Beute verspeist, auch erst bei der Jagd verausgaben.

➤ Eine Spieleinheit sollte mindestens 15 bis 20 Minuten dauern.

➤ Manchmal ist Mieze keine Samtpfote und attackiert Sie beim Spiel mit Zähnen und Krallen. Dann muss sie sich erst wieder beruhigen, bevor es weitergeht.

Spielzeug für eine Katze allein

Es muss leicht sein, sich herumschubsen und beschmusen lassen, und die Katze will danach springen und daran kratzen können. Gut eignet sich beispielsweise

zum Angeln:

➤ Spielmaus, Bällchen oder Quasten an Gummiband oder grober Schnur, am Türrahmen oder Kletterbaum befestigt,

➤ Cat Track (Kunststoffring mit eingesperrtem Pingpongball, den die Katze herausangeln muss);

zum Fangen:

➤ Bällchen aus Schaumstoff oder Hartgummi,

➤ Korken oder Garnrolle,

➤ Katzenminzespielzeug (Mieze bekommt davon einen gesunden Rausch);

zum Verkriechen:

➤ Pappkarton mit Schlupfloch und Gucklöchern,

➤ Papiertüte (ohne Tragegriffe) mit Loch für die Katzennase.

Gemeinsam spielen

Hier sind der Fantasie keine Grenzen gesetzt.

Verstecken: In einen Karton Papierbällchen werfen. Wenn Mieze hineingesprungen ist, um sie zu fangen, spielen Sie zweite Katze, die hinterher will. Handschuh anziehen,

1 **Anschleichen**

Der Katze liegt das Anschleichen im Blut. Alles, was sich bewegt, weckt ihren Jagdeifer, ganz gleich, ob das nun eine Maus ist oder ein Spielzeug. Play 'n scratch – ein spannendes Angel-, Fang- und Kratzspiel – befriedigt gleich mehrere Bedürfnisse auf einmal. Und auch Ihr Spaß beim Zuschauen ist garantiert.

2 **Fangen**

Mit gezieltem Pfotenschlag hat die Katze das wackelnde Wollbällchen »erlegt«. Stolz versenkt sie ihre Krallen in den Kratzteppich, wobei sie gleichzeitig Spannung abbaut. Doch das zurückwippende Bällchen weckt sofort wieder ihre Aufmerksamkeit. Sie legt sich erneut auf die Lauer – und das Spiel beginnt von vorn.

sonst setzt es schmerzhafte Kratzer.

Katzensquash: Hartgummibällchen gegen eine leere Wand werfen. Die Katze wird geschickt wie ein Profi danach springen und kaum einen Ball verfehlen.

Fang die Maus: Federangel, Papierknäuel oder Spielmaus an Schnur läuft in Zickzackbewegungen davon, klettert am Kratzbaum hoch, versteckt sich hinter der Tür, damit Mieze auf der Lauer liegen kann. Des Öfteren muss sie die Maus erwischen, sonst verliert Mieze die Lust.

Anschleichen: Schleichen Sie sich auf allen vieren an. Wenn Sie Mieze entdeckt haben, läuft sie davon. Nun verstecken Sie sich hinterm Sessel. Nach einer Weile wird sie Sie suchen, und alles fängt von vorne an.

Kleine Kunststücke

Mit Zeit, Geduld und Belohnung und den immer gleichen Kommandos kann man einer Katze das eine oder andere Kunststück beibringen. Wichtig ist, sie zu nichts zu zwingen und bei jedem Versuch zu loben, belohnen und zu streicheln, auch wenn er nicht gelingt.

Balancieren: Zwischen zwei Stühle einen Besenstiel legen (er darf nicht wackeln) und die Katze mit einem Leckerbissen über den schmalen Grat locken.

Springen: Zwei Stühle mit etwas Abstand nebeneinanderstellen und die Katze mit einem Leckerbissen zum Springen animieren. Beherrscht sie die Übung perfekt, können Sie diese mit einem Reifen, den Sie zwischen die Stühle halten, zur »Zirkusnummer« ausbauen.

Fragen rund um Erziehung und Urlaub

? Meine Katze lässt den Kratzbaum, den ich ihr gekauft habe, links liegen. Was kann ich tun?
Vielleicht ist der Standort, den Sie gewählt haben, nicht richtig. Katzen mögen gleich nach dem Aufstehen ihre Krallen wetzen. Der Kratzbaum sollte also in Reichweite des Schlafplatzes stehen. Auch das Material muss stimmen; an rauen, widerstandsfähigen Oberflächen, in die sie die Krallen richtig versenken können, kratzen sie am liebsten. Locken Sie Ihre Samtpfote mit einem Spielzeug hin, einer Maus an der Schnur, die Sie langsam den Kratzbaum hinaufklettern lassen. Wenn Mieze das Spielzeug fängt, wird sie anschließend stolz kratzen. Mein Tipp: Tragen Sie die Katze nie zum Kratzbaum und machen mit den Pfoten kratzende Bewegungen. Das hasst sie und wird ihn danach eher meiden.

? Ich wollte meiner Katze nachhaltig beibringen, ihre Toilette zu benutzen. Nun verweigert sie sie.
Katzen verabscheuen Zwang. Ihrer Mieze wird das Klo verleidet, wenn Sie sie einfach hineingesetzt oder gar festgehalten und mit den Pfoten darin gescharrt haben. Versuchen Sie es noch einmal von vorn. Stellen Sie das Klo dahin, wo sie jetzt ihr Geschäft macht. Loben Sie sie, wenn sie es benützt, dann wird sie wieder Vertrauen gewinnen. Das kann allerdings dauern, denn Katzen halten hartnäckig an einmal gefassten Gewohnheiten fest.

? Ich habe im Supermarkt eine günstigere Katzenstreu gefunden. Kann ich sie einfach wechseln?
Das Gewohnheitstier Katze würde auf einen abrupten Wechsel empfindlich reagieren, womöglich nicht mehr das Klo benutzen. Mischen Sie die neue Streusorte im Verhältnis 1:9 unter die alte und erhöhen Sie den Anteil langsam. Wenn Mieze die Streu akzeptiert, bleiben Sie dabei. Das erspart Stress auf beiden Seiten. Überhaupt empfiehlt es sich, Ihrer Katze jegliche Veränderung behutsam nahe zu bringen.

Krallenwetzen – ein Muss für Miezen. Spielzeug lenkt sie schnell wieder ab.

? Meine Katze ist tagsüber allein und macht seit neuestem nur Unsinn. Was ist los mit ihr?

Ihre Katze scheint sich eindeutig zu langweilen. Das heißt, sie weiß während Ihrer Abwesenheit nichts mit ihrer aufgestauten Energie anzufangen. Richten Sie eine Spielstunde ein zu einer festgesetzten Zeit, damit sich die Katze daran gewöhnen kann. Achten Sie darauf, dass sie sich richtig verausgabt, etwa mit Spring- und Rennspielen. Animieren Sie sie zum Klettern, Lauern (auch das verbraucht Energie), Hinterherlaufen, Fangen, und streuen Sie ab und zu getrocknete Katzenminzeblätter (im Zoofachhandel) auf den Fußboden. Durch den gesunden Rausch, den Mieze davon bekommt, wird Stress abgebaut. Geben Sie ihr Spielzeug, mit dem sie sich tagsüber gut allein beschäftigen kann (→ Seite 60), dann wird sie Ihre Sachen in Ruhe lassen.

? Bei Fahrten im Auto speichelt meine Katze und ist unruhig. Was hat sie?

Es kommt zwar nicht so häufig vor, aber vermutlich ist Ihre Katze aufgrund der Aufregung reisekrank. Wenn Sie das Tier nur selten im Auto mitnehmen, kann die ungewohnte Bewegung das Brechzentrum reizen. Geben Sie der Katze bereits am Abend vor Reiseantritt nichts zum Fressen. Eine halbe Stunde vorher bekommt sie dann ein bis zwei Teelöffel abgekühlten Ingwertee mithilfe einer Pipette oder Einwegspritze ohne Nadel. Das beruhigt den Magen.

? Ich muss ins Ausland verreisen. Wird meine Katze im Zug oder Flugzeug getrennt von mir untergebracht?

Im Zug darf eine Katze kostenlos im Abteil mitfahren, vorausgesetzt, sie befindet sich in einer geschlossenen Transportbox. Lassen Sie sie während der Fahrt nicht hinaus; sie könnte erschrecken und davonlaufen. Auch auf Linienflügen darf sie in der Box normalerweise mit in die Kabine. Da die Fluggesellschaften jedoch unterschiedliche Bestimmungen haben, sollten Sie sich rechtzeitig vorher erkundigen. Geben Sie der Katze während der Reise nur wenig Futter, dafür ausreichend Wasser.

MEINE TIPPS FÜR SIE

Katrin Behrend

Katzenerziehung leicht gemacht

- Zeigen Sie Ihrer Katze, dass Sie ebenso viel Geduld und Ausdauer haben wie sie. Bettelt sie hartnäckig, dürfen Sie kein einziges Mal nachgeben.
- Seien Sie konsequent: Wollen Sie ihr abgewöhnen, auf den Esstisch zu springen, müssen Sie es ihr jedes Mal verwehren und nicht nur dann, wenn der Tisch gedeckt ist.
- Wenn Sie mit der Katze schimpfen, niemals ihren Namen nennen.
- Ablenkung ist ein gutes Erziehungsmittel. Setzen Sie es dann ein, wenn die Katze unerwünschte Dinge tut. Spielt sie zum Beispiel mit der Tastatur Ihres Computers, locken Sie sie mit einer Federangel weg.
- Arbeiten Sie mit sogenannten positiven Verstärkern, also Belohnung wie Futter, Spiel oder Streicheleinheiten, wenn die Katze eine »Übung« gut gemacht oder etwas unterlassen hat, was sie nicht tun darf.

Adressen

Verbände/Vereine

➤ Fédération Internationale Féline (FIFe), 17 Rue du Verger, L-2665 Luxembourg, www.fifeweb.org
➤ 1. Deutscher Edelkatzenzüchterverband e.V. (1. DEKZV e.V.), Berliner Str. 13, D-35614 Asslar, www.dekzv.de
➤ Deutsche Rassekatzen-Union e. V. (D.R.U.), Hauptstraße 56, D-56814 Landkern, www.dru.de
➤ Österreichischer Verband für die Zucht und Haltung von Edelkatzen (ÖVEK), Liechtensteinstraße 126, A-1090 Wien, www.oevek.org
➤ Fédération Féline Helvétique (FFH), Alfred Wittich, Büntacher 22, CH-5626 Hermetschwil, www.ffh.ch
(Anschriften von Katzenclubs und -vereinen können Sie bei den vorgenannten Verbänden erfragen.)

Fragen zur Haltung beantworten

Ihr Zoofachhändler und der Zentralverband Zoologischer Fachbetriebe Deutschlands e.V. (ZZF), Tel. 0 61 03/91 07 32, (nur telefonische Auskunft möglich: Mo. 12–16 Uhr, Do. 8–12 Uhr), www.zzf.de

Krankenversicherung

➤ Uelzener Versicherungen, PF 21 63, D-29511 Uelzen, www.uelzener.de
➤ AGILA Haustier-Krankenversicherung a. G., Breite Straße 6–8, D-30159 Hannover, www.agila.de

Registrierung von Katzen

➤ TASSO-Haustierzentralregister e.V., Frankfurter Str. 20, D-65795 Hattersheim, Tel. 0 61 90/93 73 00, www. tiernotruf.org
➤ Internationale Zentrale Tierregistrierung (IFTA), Weiherstr. 8, D-88145 Maria Thann, Tel. 0 08 00/43 82 00 00 (kostenlos), www.tierregistrierung.de

Zeitschriften

➤ die edelkatze. Illustrierte Fachzeitschrift für Katzenfreunde, Verbandszeitschrift des 1. DEKZV (→ Adressen)
➤ katzen. Hrsg. D.R.U. (→ Adressen)
➤ Katzen extra. Gong Verlag, Ismaning
➤ Geliebte Katze. Gong Verlag, Ismaning

AN UNSERE LESER

➤ Schutzimpfungen und Entwurmungen sind notwendig, um die Gesundheit von Mensch und Tier nicht zu gefährden.
➤ Da einige Krankheiten und Parasiten auf den Menschen übertragbar sind, im Zweifelsfall immer zum Tierarzt gehen.
➤ Menschen mit Katzenhaar-Allergie sollten vor Anschaffung einer Katze ihren Arzt fragen.
➤ Gegen Schäden, die von Katzen verursacht wurden, schützt eine Haftpflichtversicherung.

KATZEN-MASSAGE

Massage tut nicht nur gut, sie dient auch der **Gesundheit**. Wandeln Sie in regelmäßigen Abständen die Streichelstunden in **Massage-sitzungen** um. Beginnen Sie hinter den Ohren und massieren Sie den Körper mit sanftem Druck bis zur Schwanzwurzel. Schnurrt Mieze, wissen Sie, dass sie es genießt.

Wohlfühl-Garantie für Katzen

ABENTEUERPFAD

Sie wohnen mitten in der Stadt, ohne Auslauf für Mieze. Kein Problem! Legen Sie in der Wohnung in der zweiten Ebene einen **»Laufsteg«** an, dann kann sie ihr Revier täglich durchstreifen. Dazu z. B. Regale und Schränke mit Stegen verbinden, **Kuschelhöhlen** einbauen und mit Seilen oder Leitern Kletterhilfen schaffen.

SPIELZEUGTAUSCH

Während Ihrer Abwesenheit kann sich Mieze mit verschiedenem Spielzeug die Zeit vertreiben. Da aber alles nach gewisser Zeit langweilig wird, packen Sie die **»alten« Spielsachen** einfach weg und tauschen sie gegen neue aus. Nun stehen wieder aufregende Zeiten bevor.

KATZEN-SENIOREN

Ist eine Katze in die Jahre gekommen, kann sie sich oft nicht mehr so pflegen. Dann sollten Si ihr **helfen**. Bürsten Sie sie **regelmäßig**, damit sie nicht unnötig Haare verschluckt, die den Darm verstopfen. Und weil Mieze nicht me so viel herumläuft: ab und zu die Krallen kürze

WOHNBAUM

Ein **Kratzbaum** wird für Mieze noch interessanter, wenn Sie ihn zum Wohnbaum erweitern. Bauen Sie Kletterseile, verschieden hohe **Liegemulden** (mit rauem Material bezogen) und Kuschelhöhlen zum Klettern, Sitzen, Schlafen und Hangeln ein und hängen Sie verschiedenes Spielzeug daran.

SPIELAUFBAU

Das tägliche Spiel mit der Katze ist ein Muss für ihre Gesundheit und seelische Ausgeglichenheit. Zugleich soll sie sich aber auch darauf freuen. Bringen Sie **Spannung** hinein, indem Sie ihre natürlichen Verhaltensweisen bei der **Jagd** imitieren: Anschleichen, Fangen und Abreagieren durch Spiel mit der Beute.

10 Erfolgstipps

MAHLZEIT!

Der »arbeitslosen« Hauskatze, die sich ihr Futter nicht mehr erjagen muss, ist es oft langweilig. Gestalten Sie die **Futtersuche** aufregender und verstecken Sie ein paar Trockenfutter-Plätzchen an verschiedenen Stellen in der Wohnung. Dann darf Mieze sozusagen auf die **Pirsch** gehen und sich ihr Futter erarbeiten.

DUFTORGIE

Bei bestimmten Düften geraten Katzen regelrecht aus dem Häuschen. **Katzenminze** gehört dazu oder Baldrian. Bieten Sie Ihrer Samtpfote hin und wieder ein mit diesen Kräutern gefülltes **Kissen** oder Spielzeug an. Auch Kratzbaum oder -brett lassen sich mit diesem Duft attraktiver machen.

FENG SHUI

Ihre Katze weiß instinktiv, welche Plätze in der Wohnung ihr am besten tun, ob zum Fressen, Schlafen oder Putzen, zum Spielen oder Beobachten. Meist sind es Orte mit bestimmten **Energieströmen**. Akzeptieren Sie diese Plätze, sie verhelfen Mieze zu Harmonie.

SANFTE THERAPEUTEN

Für erwachsene Katzen ist es oft nicht leicht, ein neues Zuhause zu finden. Dabei bieten sie einige Pluspunkte: Sie sind stubenrein, selbstständig und pflegeleicht. Einem älteren Menschen können sie ein lieber, **anschmiegsamer Hausgenosse** sein.

Katzen sprache

richtig deuten & verstehen

Katzen-Sprachprogramm

Das Wörterbuch der Katzensprache

Wer mit Katzen lebt, weiß, dass die Samtpfoten nicht nur »Miau« sagen können. Im Gegenteil, sie verfügen über ein ungemein breites Laut-Repertoire. Es reicht von leisen, zärtlich klingenden »Plaudertönen« über penetrant klägliches Maunzen bis hin zu markerschütterndem Kreischen und Heulen. Doch der aufmerksame Mensch lernt schnell das Katzen-Vokabular zu verstehen.

»Hallo, meine liebe Menschenfreundin! Schön, dass du da bist!«

Zweisprachig

Katzenkinder verständigen sich mit ihrer Mutter durch ein bestimmtes Lautsystem, das in der Natur bei den heranwachsenden Katzen durch ein Erwachsenen-Vokabular ersetzt wird. Also beherrschen Katzen gewissermaßen zwei Sprachen. Unsere Stubentiger behalten die Babysprache im Umgang mit uns Menschen ihr ganzes Leben lang bei. Sie bauen sie sogar noch aus und fügen Varianten und Nuancen hinzu. Zusätzlich benützen sie jedoch gegenüber Artgenossen die typischen Laute, mit denen sich erwachsene Katzen untereinander verständigen. Alles zusammengenommen ergibt dies ein ziemlich umfangreiches Wörterbuch der Katzensprache.

Miau-Variationen

Katzenkinder teilen durch Miauen ihrer Mutter mit, dass sie sich in einer misslichen Lage befinden und bitten so ihre Mama, ihnen zu helfen. Unsere Stubentiger betrachten ihre Menschen lebenslang als eine Art Mama. Da ist es nur folgerichtig, dass sie uns gegenüber in der Kindersprache sprechen, wenn sie Aufmerksamkeit erwarten. Nachdem Katzen aber ungemein lern- und anpassungsfähig sind, differenzieren sie das pauschale »Miau«.

TIPP

Die »Plaudertaschen« und die Ruhigen

- Die ausgeprägte Individualität aller Katzen drückt sich auch in ihrer »Gesprächigkeit« aus. Während die eine stundenlang klaglos vor der Tür wartet, um hereingelassen zu werden, schreit die andere in derselben Situation die ganze Nachbarschaft zusammen.
- Wenngleich viele Katzen mit Fauchen nur »auf den Putz hauen«, sollten Sie eine solche Warnung bei einer Ihnen fremden Katze unbedingt ernst nehmen. Sie könnte die Krallen ausfahren.

In Mutters Gegenwart ist Kätzchens Welt in Ordnung. Ist Mutter jedoch außer Sichtweite, fühlt es sich schnell verlassen und unsicher. Doch sein klägliches Miauen ruft die Mutter rasch zurück.

Zur Begrüßung lassen viele Katzen ein typisches kurzes »Me!« oder auch nur »Ä!« hören. Und welcher Katzenhalter kennt nicht das gezogene »Maaaa?« Es ertönt oft gerade dann, wenn man sich in eine Arbeit vertieft hat, während die Katze der Ansicht ist, jetzt sei es eigentlich an der Zeit, sich mit ihr zu beschäftigen.
Bekannt ist auch das jammernde »Um-Futter-Betteln«, das fordernde »Ich will raus!«, das gellende »AU!« (unter Weglassen des »Mi-«), wenn man sich unachtsamerweise ausgerechnet auf den Stuhl setzen will, auf dem sich Mieze niedergelassen hat – lauter Varianten des Katzen-Miaus, die für einen Katzenhalter rasch auseinanderzuhalten sind (→ Seite 110).

Katzen unter sich

Erwachsene Katzen verzichten gegenüber Artgenossen in der Regel auf das babyhafte »Miau«. Man gibt sich in Alltagsdingen generell nicht sehr gesprächig, die Kommunikation läuft hier vorwiegend über Gesten und Düfte ab (→ Seite 78 und Seite 86). Doch in bestimmten Situationen geben Katzen ihren Artgenossen auch verbal zu verstehen, was Sache ist.
Jaulen und Kreischen. Sind zwei Katzen aneinandergeraten, die nicht gut aufeinander zu sprechen sind, machen sie ihren Aggressionen äußerst lautstark Luft. Besonders oft ist solch ein Höllenspektakel in der Paarungszeit zu hören, wenn sich die Kater bei der Brautschau gegenseitig in die Quere kommen. Aber auch

Kätzinnen, die sich zum Beispiel über ihre Revierrechte streiten, können eindrucksvoll kreischen.

Kehliges Heulen. Am besten zu verstehen ist dieser seltsam singende Heulton, wenn man die geduckte Körperhaltung und die angelegten Ohren der Katze dabei sieht und die Situation kennt. Dann wird klar: Das Tier hat Angst und ist zugleich so in die Enge getrieben, dass es sich nicht aus dem Staub machen kann. Das Heulen heißt dann so viel wie: »Obwohl ich Bammel habe, reicht mein Mut noch, dir die Krallen reinzuhauen, solltest du mir noch näher auf die Pelle rücken.«

Fauchen und Spucken. Der stimmlose, scharfe Fauchton einer bedrohten, erschreckten oder verärgerten Katze bedarf keiner großen Übersetzung, er ist universell verständlich, für Artgenossen ebenso wie für Nicht-Katzen. Noch eindrucksvoller, da zusätzlich mit Schreckeffekt, wirkt das »Spucken«, ein kurzer Fauchton, der mit einem scharfen »K« beginnt. Wer dabei nicht zurückfährt, riskiert, im nächsten Augenblick mit den Krallen Bekanntschaft zu machen.

Knurren. Unter bestimmten Bedingungen kann eine Katze aus tiefster Kehle knurren wie ein Hund. Dann nämlich, wenn sie zum Beispiel ein Beutetier oder einen besonders begehrten Futterbrocken im Maul hat und sich ihr ein Artgenosse in eindeutiger Absicht nähert.

Gurren. Lockend und verführerisch ist das sanfte Gurren einer rolligen Kätzin, die einen Bewerber umgarnt. Es ist derselbe Laut, mit dem eine fürsorgliche Mutterkatze ihre Jungen herbeilockt.

Ein zaghaftes, kleines »Mau«. – Welcher Mensch kann da hart bleiben?

CHECKLISTE

Lernprogramm für Mensch und Katze

Schnurren
- ✔ »Es geht mir gut, ich bin entspannt und zufrieden.« Einer überlegenen Katze gegenüber bedeutet es: »Ich bin friedlich gestimmt.« Wenn die Katze krank ist: »Ich bin schwach. Bitte tu' mir nichts.«

Miauen
- ✔ »Ich will beachtet werden.«

Klagendes Miauen
- ✔ »Bitte lass mich rein, draußen ist es so kalt.«

Forderndes Miauen
- ✔ »Ich möchte sofort nach draußen.«

Bettelndes Miauen
- ✔ »Ich bin sehr hungrig, bitte gib' mir Futter.«

Ängstliches Miauen
- ✔ »Hilfe, es muss mich jemand von diesem Baum herunterholen.«

Sanftes Gurren
- ✔ »Komm her!« oder »Komm mit!« (Mutterkatze zu ihren Jungen). »Hallo, hier bin ich!« (heimkommende Katze als Begrüßung ihres Menschen)

Kehliges Heulen
- ✔ »Ich habe Angst!«

Fauchen
- ✔ »Wenn du nicht abhaust, wehre ich mich.«

Aufkreischen
- ✔ »Auaaaa!«

1 **Bauch kraulen**

Eine Katze, die sich lang ausstreckt, um sich am Bauch streicheln zu lassen, gibt sich dieser Wohltat selten lautlos hin. Ein wohliges Schnurren zeigt an, wie sehr sie die Liebkosungen genießt. Sie mögen sie an die massierende Zunge ihrer Mutter erinnern, die sie als kleines Kätzchen pflegte und ihr das Gefühl der Geborgenheit gab.

2 **Kehle kraulen**

Welche Wonne, so ausgiebig an Kinn und Wangen gekrault zu werden! Das Gesicht dieser Katze drückt das Wohlbehagen unmissverständlich aus. Legt man die Hand leicht an die Kehle der Katze, kann man deutlich ihr wohliges Schnurren spüren: Im gleichmäßigen Rhythmus des Atems vibriert die Kehle bis hin zum Brustkorb.

Sanfte Töne. Auch Kater beherrschen die sanften Töne. Wenn sie bei der Werbung ihre Angebetete umschmeicheln, maunzen und singen sie so zart und melodisch, als könnte niemals ein schärferer Ton ihrer Kehle entfliehen.

Schnattern. Wenn Mieze zum Beispiel am Fenster sitzt und draußen eine Amsel sieht, fängt sie voller jagdlicher Anspannung zu schnattern an. Nicht etwa wie eine Ente, sondern stimmlos – wie eine Mischung aus Zähneklappern und Schmatzen.

Wohliges Schnurren

Sanftes Streicheln und Katze schnurrt. Doch wie bringt das Tier diese wohligen Laute zustande? Klar ist nur, dass das Schnurrgeräusch in der Kehle entsteht, auch wenn der gesamte Körper mitvibriert. Eine anatomische Voraussetzung für diese erstaunliche Fähigkeit scheint zu sein, dass das Zungenbein vollständig verknöchert ist. Noch eine weitere anatomische Besonderheit im Kehlkopf der Katze spielt offenbar eine entscheidende Rolle: Neben den normalen Stimmbändern besitzt die Katze eine Art Hautfalte im Kehlkopf, Vorhof-Falte genannt oder »falsche Stimmbänder«. Beim Ein- und Ausatmen streicht die Luft darüber. Das Schnurren, so erklären es die Wissenschaftler, entsteht dann dadurch, dass der Luftstrom durch ganz leichte Kontraktionen der Kehlkopfmuskulatur unterbrochen wird. Im Grunde ist das Schnurren der Katze nichts anderes als das leise Schnarchen mancher Menschen im Schlaf. Nur eben im Wachzustand und ganz bewusst (→ Seite 82).

Katzen-Rassen im Porträt

Jede Katze ist eine individuelle Persönlichkeit. Den einzelnen Rassen kann man jedoch bestimmte Eigenschaften zuschreiben, wie etwa, ob sie gesprächig oder schweigsam sind.

Die **Siamkatze,** die edle Asiatin, hält nich viel von nobler Zurückhaltung. Sie ist im Gegenteil ausgesprochen temperamentvoll und spielt gern die erste Geige. Mit ihrer großen Mitteilsamkeit kann sie Menschennerven durchaus strapazieren. Andererseits ist sie nicht nur eine »alte Plaudertasche«, sondern gilt auch als überaus intelligent und sehr gelehrsam.

Die **Russisch Blau,** eine hochbeinige Kurzhaarkatze mit charakteristischem plüschartigen Fell, ist ebenso temperamentvoll und selbstsicher wie auch überaus anhänglich und schmusebedürftig.

Unter **Hauskatzen** gibt es die verschiedensten Temperamente, von schüchtern bis selbstbewusst, von verschmust bis unnahbar.

Die **Maine Coon**, eine große Rasse aus Amerika, hat ein ausgeglichenes, unaufdringliches Wesen, aber eine eigenartige »Piepsstimme«.

Eine **Burmakatze** will unentwegt im Mittelpunkt stehen. Die temperamentvolle Katze braucht daher viel Zuwendung und stets ein »offenes Ohr«.

Die **Birmakatze** vereinigt die Eigenschaften von Siam- und Perserkatze: Lebhaftigkeit und Spielfreude mit Geduld und Freundlichkeit.

Perserkatzen sind überwiegend ruhige, bedächtige Tiere, die gerne schmusen, aber auch mal in Ruhe gelassen werden wollen.

Das ABC des Katzenkörpers

Katzen brauchen keine Worte, um sich klar und unmissverständlich auszudrücken. Zumindest untereinander kommen erwachsene Katzen größtenteils mit reiner Gebärdensprache aus. Eine demonstrative Geste, ein deutlicher Blick, die Ohren als Signalflaggen – und alles ist klar. Katzen können nicht nur lautlos schleichen, sie können sich auch lautlos unterhalten.

Was tun? Sich-Putzen ist oft ein Zeichen von Unschlüssigkeit.

Körperhaltungen

Bereits die Körperhaltung einer Katze vermittelt dem Artgenossen schon auf einige Distanz Informationen über Rang, Selbstbewusstsein oder Laune seines Gegenübers. Entspanntes Daliegen, alle viere von sich gestreckt, geducktes, »kriecherisches« Sich-Verdrücken oder aber selbstbewusstes Einherschreiten mit erhobenem Haupt sind Körperhaltungen, die für sich selbst sprechen und auch uns Menschen ohne Weiteres verständlich sind.
Eine gut gelaunte, neuen Aktivitäten aufgeschlossene Katze sitzt auf den Hinterkeulen, die Vorderpfoten nebeneinandergestellt und den Schwanz adrett um sich herumgelegt.
Eine missgelaunte oder beunruhigte Katze kauert sich gewöhnlich geduckt hin, die Vorderpfoten fest unter die Brust gezogen. Aus dieser Stellung heraus kann sie jederzeit aufspringen oder eine krallenbewehrte Pfote unter dem Körper hervorzucken lassen. In der Regel erkennen andere Katzen die Signale der Gereiztheit und respektieren den Wunsch nach Abstand, es sei denn, sie haben innerhalb der Katzengesellschaft eine eindeutig höhere Stellung und damit Platz- und Wegerecht.

TIPP

Beobachten Sie Ihre Katze!

- Schenken Sie einer Katze beim Spielen oder Schmusen Ihre volle Aufmerksamkeit. Die lautlosen Signale der Körpersprache, etwa ein »Jetzt reicht's!«, kriegen Sie nicht mit, wenn Ihre Augen zum Beispiel auf das Fernsehprogramm oder den Partner gerichtet sind.
- Zeigt Ihre Katze von einem Tag auf den anderen und ohne erkennbare äußere Ursache Körpersignale der Unsicherheit und Ängstlichkeit, könnten Schmerzen der Grund sein.

Schwanzsignale

Der Schwanz leistet der Katze nicht nur gute Dienste als Balancierstange, sondern auch als eine von Weitem sichtbare Signalflagge, mit deren Hilfe sie eine ganze Menge ausdrücken kann.

Schwanz hoch. Senkrecht hochgestellt hat er die Bedeutung eines freundlichen »Hallo, ich bin's!« .

Schwanz leicht gekrümmt. Hängt er sanft gekurvt nach unten, die Spitze etwas aufgebogen, dann ist Miezes Welt in Ordnung. Sie fühlt sich entspannt und sicher.

Schwanz waagerecht und gesträubt. Dies ist das eindeutige Zeichen für furchtlose Aggressivität und Angriffslust. Mischt sich, was meist der Fall ist, eine Portion Furcht darunter, zeigt auch der gesträubte Schwanz beide Komponenten: Im oberen Teil, am Ansatz, wird er waagerecht gehalten, der übrige Schwanz weist nach unten, sodass sich eine hakenförmige Haltung ergibt.

Schwanz wedelt oder zuckt. Das Hin- und Herschlagen des Schwanzes ist Ausdruck dafür, dass sich die Katze in einem Konflikt befindet. Soll sie oder soll sie nicht?

Beim Spielen zeigen Kätzchen das ganze Repertoire ihrer Körpersprache. Im Moment zählt nur der Spielball.

Schwanz zur Seite. Eine rollige Kätzin zeigt dem Kater auf diese Weise ihre sexuelle Bereitschaft an.

Schwanz nach unten. Eine besiegte oder sich von vorneherein unterwerfende Katze hält den Schwanz weitest möglich nach unten gesenkt, manchmal sogar etwas zwischen die Hinterbeine eingezogen. Sie bringt damit ihre niedrige soziale Stellung zum Ausdruck. Ist das Schwanzfell dabei gesträubt, zeugt diese Haltung von großer Furcht.

Mehr Schein als Sein

Sowohl Aggressivität wie auch Furcht lassen einer Katze die Haare zu Berge stehen. Vor allem ihr Rückenfell richtet sich auf und der Schwanz verwandelt sich zu einer Art Flaschenbürste. Dadurch erscheint der Umriss der Katze schlagartig um einiges größer. Das macht Eindruck auf den Gegner, es schüchtert ihn ein, überzeugt ihn womöglich sogar davon, dass er besser kampflos das Weite sucht. Damit hätte der uralte Bluff seine Wirkung getan.

Im extremen Fall, wenn eine Katze sich einem übermächtigen Gegner gegenübersieht und sich in die Enge getrieben fühlt, zieht sie alle Register. Dann sträubt sie nicht nur jeden Zentimeter Fell, sondern krümmt auch noch den Rücken zum bekannten »Katzenbuckel« auf und stellt den Bürstenschwanz im Bogen ab. Seitlich zum Gegner gedreht, hat dieser nun eine riesenhafte Silhouette vor Augen. Untermalt von wildem Gefauche macht diese Pose mächtig Eindruck.

Der steil aufgerichtete Schwanz kippt unter der streichelnden Hand als Zeichen von Wohlbefinden seitlich über.

Im Gesicht lesen

Das Gesicht einer Katze mit seinen schönen Augen und den großen Ohren ist ein genaues Stimmungsbarometer. Ob friedlich oder zornig, aufmerksam oder schläfrig, man kann es Mieze an der Miene ablesen, wie sie gerade drauf ist. Da Katzen selbst hervorragende Beobachter sind, registrieren sie auch jede kleinste Veränderung im Gesichtsausdruck ihres Gegenübers und erkennen damit jeden Stimmungsumschwung frühzeitig. Wenn Sie mit ihrer Samtpfote in Harmonie leben möchten, sollten Sie lernen, genau hinzusehen und auf Feinheiten zu achten. Nur so lassen sich Missverständnisse vermeiden.

»Es geht mir gut.« Ist eine Katze entspannt und ruhig, aber aufmerksam, sind ihre Gesichtszüge ebenmäßig, die Ohren aufgestellt, die Schnurrhaare hängen leicht herab. Übermannt sie die Schläfrigkeit, senken sich die Augenlider immer tiefer, bis sich Pussy schließlich zu einem Nickerchen einrollt. Erregt hingegen irgendetwas die Aufmerksamkeit der Katze, öffnen sich die Augen weit und Spannung tritt ins

Gesicht. Die Ohren peilen nach vorne und die Schnurrhaare werden weit aufgefächert. Drehen sich nun die Ohren seitwärts und neigen sich schließlich schräg nach hinten, ziehen sich gar die Lippen ein wenig zurück, zeigt dies aufkommende Ärgerlichkeit oder Furcht.

Angst. Eine ängstliche Katze stellt sich innerlich schon mal auf Abwehr ein. Dabei schickt sie eine eindeutige Warnung in Richtung des »Feindes«. Mit flach angelegten Ohren, stark geweiteten Pupillen und blitzenden Zähnen faucht sie ihn heftig an.

Zorn. Eine wütende Katze senkt langsam den Kopf, ihr Blick fixiert den Widersacher unverwandt, die Pupillen haben sich dabei zu Schlitzen verengt. Die Ohren sind weniger angelegt als vielmehr so seitwärts verdreht, dass der Gegner auf ihre Rückseiten blickt. Wird diese Drohung nicht erkannt oder ignoriert, kann die Katze ganz unvermittelt zum Angriff vorpreschen. Bei einer wütend-aggressiven Attacke werden im Gegensatz zum reinen Abwehrverhalten nicht die Krallen, sondern die Zähne zum Einsatz gebracht.

Verstehen Sie Ihre Katze richtig?

	Ja	Nein
1. Die Ohren sind so weit seitwärts verdreht, dass ihre Rückseiten von vorne zu sehen sind. Mieze ist sauer, gleich greift sie an.	☐	☐
2. Die Katze kauert am Boden, die Vorderbeine eng unter den Körper gezogen. Die Katze will in Ruhe gelassen werden.	☐	☐
3. Zwei Katzen stehen sich gegenüber und schauen sich starr an. Sie drohen einander.	☐	☐
4. Trotz hellem Licht sind die Pupillen kugelrund geweitet. Die Katze hat Angst.	☐	☐
5. Ihre Katze sitzt mit zuckendem Schwanz an der Terrassentür und starrt in den Regen. Sie ist sich unschlüssig, ob sie tatsächlich raus will.	☐	☐
6. Mit senkrecht nach oben gerichtetem Schwanz kommt die Katze auf Sie zu. Mieze ist freundlich gestimmt.	☐	☐

Auswertung: 6-mal Ja: Sie verstehen die Katzensprache ebenso gut wie die Katze selbst. 5- bis 4-mal Ja: Manchmal interpretieren Sie das Verhalten von Katzen noch falsch. 0- bis 3-mal Ja: Um Katzen wirklich kennenzulernen, sollten Sie noch mehr in diesem Ratgeber nachlesen.

Aggressivität und Unsicherheit. Nur höchst selten demonstriert eine Katze reine Angriffslust. In der Regel schwingt bei ihrem aggressiven Gehabe mehr oder weniger Angst mit. Gewöhnlich mischen sich daher in der Mimik einer gereizten Katze die Elemente der Angriffs- und Abwehrbereitschaft. Wie hoch die jeweiligen Anteile an der momentanen Stimmungslage sind, lässt sich am besten an der Stellung der Ohren erkennen: Je mehr Ohrrückseite der Gegner zu sehen bekommt, desto höher ist die Angriffsbereitschaft des Tieres. Bei reiner Defensive sind die Ohren der Katze so weit nach seitlich-hinten geklappt, dass von vorne praktisch nur noch die waagerecht stehenden Kanten der Ohrmuscheln zu sehen sind.

Fragen rund um Laut- und Körpersprache

? Schnurren ist doch eigentlich ein Laut des Wohlbefindens. Doch warum schnurrt eine Katze auch auf dem Untersuchungstisch des Tierarztes oder sogar, wenn sie todkrank ist?
Das Schnurren zeigt auch an, dass Mieze friedlich gestimmt ist, kann also ein beschwichtigendes Signal sein, eine akustische weiße Fahne gewissermaßen. Die Katze hisst sie, wenn sie sich in ihr Schicksal ergeben hat. Sie will damit jeglichen Aggressionen ihres Gegenübers vorbeugen, um die Situation nicht noch zu verschlimmern.

? Unser Kater dreht sich beim Schlafen oft auf den Rücken. Das sieht sehr menschlich aus. Hat er sich diese Schlafhaltung von uns abgeguckt?
Nein, Katzen drehen sich beim Schlafen auf einer weichen Unterlage gerne so, dass sie auf dem Hinterkopf zu liegen kommen oder sogar lang gestreckt auf dem Rücken liegen – allerdings nur, wenn sie sich absolut sicher fühlen. Streckt sich Ihr Kater in Ihrem Beisein zu einer derartigen Schlafstellung aus, die ihn im Falle eines Angriffs vollkommen hilflos macht, ist das ein Beweis seines absoluten Vertrauens zu Ihnen.

? Wenn mein Mann mit unserem Billy schmust, beobachte ich manchmal, dass sich die Pupillen des Katers verengen und er ganz plötzlich meinen Mann in die Hand beißt. Was hat dieses Verhalten zu bedeuten?
So kontrolliert Katzen in ihren Bewegungen und Körperhaltungen auch sind, gibt es doch auch körperliche Reaktionen, die sie nicht zu steuern imstande sind. Dazu gehören die Erweiterung und Verengung der Pupillen. Zum einen dient dies, ebenso wie bei uns Menschen, zur Begrenzung des ins Auge einfallenden Lichts, zum andern spiegelt es nach außen wider, was im Kopf der Katze vorgeht. Angst lässt die Pupillen zu großen, runden Löchern

Mieze hat ihren Menschen getroffen. Na denn, hoch den Schwanz zur Begrüßung!

werden, Ärgerlichkeit und aufkommender Zorn ziehen sie zu schmalen Schlitzen zusammen. Sie haben eine gute Beobachtungsgabe. Die verengten Pupillen von Billy sind ein erstes Anzeichen, dass es ihm mit der Körpermassage eigentlich schon reicht und die streichelnde Hand zunehmend unangenehm wird. Im weiteren Verlauf werden Sie, sofern Sie nicht von selber die Schmusestunde beenden, per Biss verwarnt oder per Kralleneinsatz abgewehrt.

? Kürzlich wollte ich meine Katze Mia ein wenig ärgern. Ich fauchte sie mit einem scharfen »chhhh« an, lächelte aber dabei. Da ließ mich Mia ihre Krallen spüren. Kann sie nicht zwischen einem ernsten Angriff und spielerischer Absicht unterscheiden?

Nein, das kann eine Katze nicht. Die Katze nimmt nur das Fauchen wahr, nicht aber ihr lächelndes Gesicht. Sie wird zwar sehr überrascht sein von Ihrer vermeintlichen Aggressivität, wehrt sich aber dennoch instinktiv gegen den für sie doch recht überraschenden »Angriff«.

? Ich habe unseren Kater schon oft bei der – glücklicherweise erfolglosen – Jagd auf Vögel beobachtet. Er schleicht sich an, schlägt aber gleichzeitig mit dem Schwanz hin und her. Das warnt die Vögel und sie fliegen davon. Ist unser Kater dumm?

So kann man das nicht sagen. Tritt bei Katzen ein innerer Konflikt auf, verselbstständigt sich der Schwanz gewissermaßen. Er zuckt oder wedelt hin und her. Beim Anpirschen auf eine Beute kann das bedeuten, die Katze ist sich nicht darüber im Klaren, ob sie sich jetzt sofort auf die Beute stürzen soll oder besser noch einige Sekunden wartet. Das kommt jedoch nur bei halbherzigem Jagen oder bei von vornherein ungünstigen Bedingungen, etwa einem deckungslosen, kurz gemähten Rasen, vor. Andernfalls hätte ihr verräterischer Schwanz das Katzenvolk längst verhungern und aussterben lassen. »Ernsthafte« Jagd findet in dichter Deckung statt und ist selten auf Vögel, sondern in über 90 Prozent aller Fälle auf kleine Nagetiere gerichtet, die nicht gut sehen können.

MEINE TIPPS FÜR SIE

Helga Hofmann

So klappt die Verständigung

- Schließen Sie nie von einer Katze auf die andere. In ihren Persönlichkeiten ebenso wie in ihren Äußerungen zeigen Katzen nämlich eine erstaunliche Bandbreite.
- Beobachten Sie Ihre neue Katze in der ersten Zeit des Zusammenlebens möglichst viel. So lernen Sie am schnellsten deren individuelle Ausdrucksweise verstehen.
- Um Ihrer Katze zu signalisieren, dass alles in Ordnung ist, können Sie gleichmäßig und ruhig flüstern. Für die Katze imitieren Sie damit ein Schnurren.
- Musik, die uns gefällt, kann für Katzen mit ihrem feinen Gehör unangenehm oder gar schmerzhaft laut sein.
- Junge Kätzchen zeigen im Spiel die Ausdrucksweisen der Körpersprache überdeutlich. Ein idealer Anschauungsunterricht für Sie bei ihren Spielen.

Katzen und ihre Duftwelt

Duftende Botschaften

Was findet Mieze nur an dem alten Holzpfosten, den sie seit Minuten beschnuppert? Für eine Katzennase ist er wie eine Zeitung, sie liest die dort hinterlassenen Duft-Botschaften ihrer Artgenossen.

Duftmarkieren durch Wangenreiben heißt: »Das ist mein Eigentum!«

Immer der Nase nach

Die Riechschleimhaut, mit der die Nase innen ausgekleidet ist, enthält bei einer Katze mehr als 200 Millionen geruchsempfindliche Zellen, ein Mensch hat nur etwa ein Zehntel davon zur Verfügung. Kein Wunder, dass wir uns nur schwer eine Vorstellung machen können von der Welt der Gerüche, in der jede Katze lebt. Was wir leicht beobachten können, ist, dass sie jeden unbekannten Gegenstand einer gründlichen Geruchsprüfung unterzieht.
Vor allem aber dienen Düfte den Katzen zur Kommunikation mit ihren Artgenossen.

»Dufte« Typen

Katzen haben an verschiedenen Stellen des Körpers Hautdrüsen, die Duftsekrete absondern, so zum Beispiel Analdrüsen im Bereich des Afters oder Wangendrüsen unterhalb der Ohren und um die Augen. Diese Sekrete bestehen aus den verschiedensten chemischen Substanzen, deren individuelle Zusammensetzung anderen Katzennasen genaue Informationen vermitteln können über Alter, Geschlecht, sozialen Status, sexuelle Empfänglichkeit und vielleicht sogar emotionale Verfassung des jeweiligen »Produzenten«.
Wie das funktioniert? Nun, treffen zwei sich fremde Katzen aufeinander, versuchen beide, ihre Nase möglichst nahe an die Analregion der anderen zu bringen, um sich

TIPP

Katzenminze – Hit oder Flop?

- Die Pflanze enthält ein ätherisches Öl, das auf viele Katzen eine ähnliche Wirkung hat wie Marihuana auf Menschen: Es macht sie »high«.
- Wenn Katzenminze Ihre Katze hingegen völlig kalt lässt, gehört sie zu den knapp 50 Prozent aller Katzen, die – erblich bedingt – nicht auf diesen Wirkstoff reagieren.
- Anders als Drogen bei Menschen führen Katzenminze-»Trips« bei Katzen keinesfalls zu bleibenden Schäden.

ein (Duft-)Bild von ihrem Gegenüber zu machen. Überwiegend aber bedienen sich die hübschen Samtpfoten zur Kommunikation einer Art Datenfernübermittlung. Man pinnt eine Nachricht in Form einer Duftmarke, in erster Linie Urin oder Kot, an eine markante Stelle, gewissermaßen an ein Katzen-Schwarzes-Brett, und andere Cats kommen dort vorbei und »lesen« die Infos.

Harnmarkierungen

Einen hohen Stellenwert für die Duftkommunikation unter den Samtpfoten haben besonders die Harnmarkierungen (→ Seite 93 und Seite 120). Sie werden mit hoch erhobenem, steif zitterndem Schwanz gegen markante, meist senkrechte Strukturen im Revier gesprüht. Kätzinnen wie Kater beherrschen diese Kunst gleichermaßen, Kater wenden sie allerdings häufiger an. Einem Eindringling geben diese Duftgraffiti Auskunft über Stärke und Präsenz des Revierinhabers, dem Urheber selber helfen sie, sich mit Vertrautem zu umgeben und seinen eigenen Lebensbereich zu definieren. Tatsächlich setzen Katzen übrigens die Markierungen überall in ihrem Streifgebiet ab, keineswegs gehauft an den Reviergrenzen. Wahrscheinlich benutzen die Katzen die Harnmarken als eine Art »Verkehrsregelung« im Revier. Sie ermöglichen ihnen, einander aus dem Weg zu gehen und dadurch Konfliktsituationen zu vermeiden, weil sie sich ja stets informieren können, wer wann wo vorbeikam. Je frischer eine Nachricht, desto wahrscheinlicher, dass der Urheber noch in der Nähe ist. Nun verblasst die kätzische Duftschrift aber

Manche Kräuter duften für Katzennasen unwiderstehlich gut.

CHECKLISTE

»Düfte«, die Katzen besonders lieben

Katzenminze und Baldrian

✔ Der Geruch dieser Kräuter versetzt Katzen geradezu in einen Rausch. Um Mieze eine Freude zu machen, die Kräuter im Balkonkasten ziehen.

Ackerminze und Thymian

✔ Bereichert die Geruchswelt der Katze in der Wohnung. Kräuter entweder selbst ziehen oder im Topf kaufen.

Zitronenmelisse

✔ Auch dieses »Kraut« mögen Katzen. Gibt es in Töpfen an der Obst- und Gemüsetheke.

Eine Kiste mit frischem Heu

✔ Besonders Wohnungskatzen freuen sich über die anregenden Gerüche von draußen.

innerhalb von etwa 24 Stunden, und so drehen vor allem ranghohe Kater, die Wert darauf legen, ihre Präsenz zu zeigen, tagtäglich ihre Runden. Und all die vierpfotigen »Zeitungsleser« tun dasselbe, um die aktuellen Nachrichten nicht zu verpassen.

Wangenreiben

Katzen haben nicht nur am Hinterteil, sondern auch im Gesicht Duftdrüsen, und zwar im Bereich rund um die Augen, unterhalb der Ohren sowie am Kinn. Die Sekrete dieser Drüsen tragen ebenfalls den persönlichen Duft des Tiers – allerdings so dezent, dass er für Menschennasen nicht erkennbar ist. Mieze benützt dieses Parfüm, um Gegenstände, die sie eindeutig als die ihren betrachtet, damit zu kennzeichnen. Indem sie ihren Kopf daran reibt, drückt sie ihnen gewissermaßen ihren ganz persönlichen Stempel auf. Insbesondere verfährt sie so mit Gegenständen in ihrem engsten Wohnbereich. Sofa, Türkante und Tisch- oder Stuhlbein bekommen ebenso das Duftetikett aufgedrückt wie beispielsweise menschliche Hosenbeine.

»Das riecht aber stark!« Nicht jedes Parfüm findet Miezes Zustimmung.

Köpfchen geben

Begegnen sich zwei Katzen, die sich mögen, reiben sie zur Begrüßung flüchtig den Oberkopf gegeneinander. Dabei überträgt die eine ihren eigenen Körpergeruch auf die andere. So etwas verbindet. Ganz ungeniert behandelt eine Familienkatze ihre Menschen genauso wie ihre Katzenfreunde. Durch Reiben des Köpfchens etwa an der Hand ihres Menschen nimmt sie ihn sozusagen in ihren Freundeskreis auf.

Duftspuren

Katzen haben Schweißdrüsen an den Pfoten. Der Schweiß, den die Drüsen auf den Pfotenballen absondern, dient zu nichts anderem als der Spurmarkierung. Er kann sich sogar zeitweise in seiner chemischen Zusammensetzung ändern, zum Beispiel wenn die Kätzin rollig ist oder wenn das Tier Angst hat.

TIPP

Markieren im Haus

- Die rechtzeitige Kastration durch einen Tierarzt, vor Erreichen der Geschlechtsreife, beugt dem Harnmarkieren im Haus zumeist vor.
- Verunreinigte Stelle gründlich mit Putzmittel und Alkohol reinigen. Ein geruchsneutralisierendes Spray allein reicht nicht.
- Plötzliches Markieren kann auch auf Stress hinweisen. Dann gilt es, die Stressursache herauszufinden und zu beseitigen.

Krallenwetzen gehört für Katzen zum Aufwachen dazu wie Gähnen und Sich-Strecken. Wenn kein Kratzbaum neben dem Ruheplatz steht, muss eben der Teppich dafür herhalten.

Mit Krallen schreiben

Zwischen den Zehen der Katze sitzen zusätzlich einige kleine Drüsen, die aktiviert werden, wenn das Tier seine Krallen wetzt. Ihre Absonderungen werden zusammen mit dem Sekret der Schweißdrüsen auf die Kratzunterlage übertragen. Auch in diesem Fall stellt der spezielle Duftcocktail eine persönliche Visitenkarte der Katze dar.
Zugleich hinterlässt die Kratzerei auch eine sichtbare Markierung, zumindest im Laufe der Zeit. Denn Katzen halten gern an einer einmal gewählten Kratzstelle fest und benutzen sie regelmäßig. Das hält selbst der härteste Baumstamm nicht lange aus, ohne deutliche Spuren zu zeigen, vom Sofa ganz zu schweigen. Aber in Miezes Augen gilt der Grundsatz: je deutlicher, desto besser. Schließlich soll sämtlichen übrigen Katzen glasklar werden, dass sie hier wohnt. Allerdings werden beim Markieren auch tatsächlich die Waffen geschärft. Die alte Hornschicht der Krallen wird beim Kratzen abgestreift und darunter kommen runderneuerte, blitzscharfe »Dolche« zum Vorschein.
Was den richtigen Ort anbelangt: Für die Mehrzahl der Katzen gehört Krallenwetzen mit zur Aufwach-Routine. Nach einem Nickerchen wird erst einmal gegähnt, dann gestreckt, erst vorn, dann hinten, und dann ist genüssliches Krallenwetzen an der Reihe. Klar, dass dafür der Kratzbaum unbedingt in der Nähe von Schlaf- oder Ruheplatz sein sollte (→ Seite 123).

Verhaltensdolmetscher

Katze

Kennen Sie die Katzensprache? Hier erfahren Sie, was Ihr Liebling mit seinem Verhalten ausdrücken möchte ? und wie Sie richtig darauf reagieren ➔.

Die Katze starrt Sie geduckt an und faucht scharf.

? Sie ist gereizt. Die Körperhaltung und die Pupillen zeigen, dass bei ihrer Aggressivität Angst mitschwingt.

➔ Ziehen Sie sich zurück und warten Sie, bis sich das Tier beruhigt hat.

Die umherspringende Katze duckt sich plötzlich vor Ihnen, verrenkt dabei den Kopf und blickt Sie an.

? Mieze fordert Sie zum Spielen auf, sie will umhertollen.

➔ Lassen Sie sich auf ein Fangen-Spiel ein. Unterbrechen Sie, wenn sie es zu wild treibt.

Mit eingeschlagenen Vorderpfoten liegt Ihre Katze ruhig da, beobachtet Sie dabei aber unverwandt.

? Sie wartet auf etwas, zum Beispiel, dass Sie in Richtung Küche gehen.

→ Überlegen Sie, was Sie sonst um diese Zeit immer tun.

Mieze schlummert selig und entspannt auf einer weichen Unterlage.

? Sie fühlt sich absolut sicher und geborgen.

→ Stören Sie sie nicht. Katzen brauchen viel mehr Schlaf als Menschen.

Ihre Katze räkelt sich vor Ihnen auf dem Boden und präsentiert Ihnen ihren Bauch.

? Sie fände jetzt eine Bauchmassage angebracht.

→ Tun Sie das, aber beachten Sie Zeichen der Unwilligkeit, wenn sie genug hat.

Ihr Liebling maunzt penetrant, den Blick direkt auf Sie geheftet.

? Die Katze will etwas von Ihnen und versucht es mit Zermürbungstaktik.

→ Bleiben Sie konsequent, auch wenn es Sie Nerven kostet.

Fragen rund um die Duftsprache

? Die Katze meiner Freundin vergräbt ihren Kot in der Einstreu des Katzenklos. Das macht mein Kater Carlos nicht. Gibt es eine Erklärung dafür?
Mit Kot wird in der Katzengesellschaft die Rangstellung angezeigt. Eine in ihrem Revier dominante Katze setzt ihn an verschiedenen Stellen entlang ihrer Wegstrecken ab und lässt ihn einfach offen liegen. Eine untergeordnete Katze hingegen vergräbt ihre Hinterlassenschaften sorgfältig und verringert dadurch ihre Duftzeichen, an denen stärkere Artgenossen womöglich Anstoß nehmen könnten. Wenn Katzen in einer Wohngemeinschaft mit uns Menschen ihren Kot im Katzenklo geflissentlich einbuddeln, heißt das nichts anderes, als dass sie die Vorrangstellung der Menschen (oder auch weiterer Familienkatzen) unumwunden anerkennen. Ihr Kater Carlo tut das offenbar nicht.

? Gibt es Gerüche, die Katzen verabscheuen?
Ja, die gibt es. Essig und rohe Zwiebeln sind beispielsweise eine Beleidigung für das feine Katzennäschen. Aber auch so manches teure Parfüm, das wir als wunderbar duftend empfinden, mögen Katzen absolut nicht. Ebenso verabscheuen sie Reinigungs- und Desinfektionsmittel oder Farben und auch Lacke. Übrigens ist auch der Geruch von fremden Hunden den meisten Katzen ein Gräuel. Kein Wunder, denn schließlich gehören Katzen ins Beuteschema des Hundes.

? Wenn unser Kater draußen ist, bleibt er des Öfteren wie versteinert stehen und verzieht das Gesicht. Was hat dieses merkwürdige Verhalten zu bedeuten?
Manchmal bleibt eine Katze auf einem Streifzug wie ein Denkmal stehen oder sitzen, ihr Blick geht ins Leere, der Hals ist vorgereckt, das Maul leicht geöffnet. Die Lippen etwas hoch- und die Mundwinkel auseinandergezogen, nimmt sie einen – mit Verlaub – dümmlich grinsen-

Beim ersten Ausflug ins Grüne ist alles aufregend neu, auch die Gerüche.

den Gesichtsausdruck an. Zoologen sagen, die Katze »flehmt«.
Mieze ist auf einen Geruch gestoßen, den sie besonders gründlich prüfen möchte. Zu diesem Zweck bringt sie ein Sinnesorgan zum Einsatz, das uns Menschen fehlt, das sogenannte Jacobson'sche Organ. Es findet sich zwischen der Rachen- und der Nasenhöhle. Die Funktion des Jacobson'schen Organs liegt etwa in der Mitte zwischen Riechen und Schmecken. Mit der Zunge kann die Katze Duftmoleküle aus der Luft aufnehmen und an den Eingang des Jacobson'schen Organs heranbringen, in dem sie dann überprüft werden. Soll es schneller und intensiver sein, saugt sie die Luft durch das halb offene Mäulchen regelrecht in ihr Prüforgan hinein: Sie flehmt.

? Seit unser Kater Felix erwachsen ist, verspritzt er unangenehm riechenden Harn in unserer Wohnung. Wie können wir ihm das abgewöhnen?
Die meisten Menschen können das Harnmarkieren ihrer geliebten Samtpfoten nur sehr schwer als einen natürlichen Bestandteil kätzischer Lebensart akzeptieren – schon gar nicht in der Wohnung (→ Seite 87 und 120). Durch Kastration lässt sich zwar der intensive Uringeruch beseitigen, nicht aber automatisch zugleich auch das natürliche Markierverhalten (→ Seite 88). Die Chance, dass Katzen es ganz bleiben lassen, ist am größten, wenn man sie noch vor der Geschlechtsreife kastrieren lässt. Im Falle von Felix sollten Sie die Kastration jetzt vornehmen lassen. Ob er sein Markierverhalten dadurch ein für alle Male aufgibt, ist allerdings fraglich.

? Wenn unsere Katze über unser Auto läuft, hinterlässt sie deutliche Pfotenspuren auf dem Lack. Sind das Schweißabdrücke?
Richtig, denn Katzen haben nur an den Pfoten Schweißdrüsen – und nur dort. Allerdings vermindert die Katze damit nicht ihre Körperwärme, sondern gibt Duftsignale, die jedoch nur Artgenossen deuten können. Eine zu hohe Körperwärme senkt die Katze durch Hecheln und indem sie beim Putzen Speichel auf dem Fell verteilt, der beim Verdunsten kühlt.

MEINE TIPPS FÜR SIE

Helga Hofmann

Der Kratzbaum

- Auch Katzen, die Freilauf genießen, sollten im Haus einen Kratzbaum zur Verfügung haben.
- Kratzbäume, die mit Sitzbrett und/oder einer kleinen Plüschhöhle versehen sind, erfüllen gleich mehrere Zwecke.
- Für Heimwerker: Ein etwa armdickes Rundholz mit einer kräftigen Sisalschnur fest umwickeln und so stabil aufstellen, dass es keinesfalls wackelt.
- Auch ein schmales Brett, das mit einem Teppichrest bespannt und schräg gegen die Wand gelehnt und befestigt wird, erfüllt den Zweck. Der Kratz-Teppich sollte aber deutlich anders beschaffen sein als der »verbotene« Wohnungsteppich.
- Stellen Sie die Kratzgelegenheit an einer der Katze jederzeit zugänglichen Stelle auf, am besten in unmittelbarer Nähe von Miezes Schlafplatz.

Wie Katzen uns verstehen lernen

So versteht uns die Katze richtig

Katze und Mensch, welch ungleiches Paar! Mit der Verständigung klappt es trotzdem meist recht gut, vor allem weil Mieze genau beobachtet, schnell lernt und sehr anpassungsfähig ist.

In zehn Minuten gibt's Futter? Ob ich das jetzt richtig verstanden habe?

Miteinander reden

Wir Menschen verständigen uns untereinander üblicherweise durch unsere Wortsprache. So sind wir es gewöhnt, und ohne viel nachzudenken, wenden wir diese Methode auch auf Tiere an, mit denen wir zusammenleben. Bei entsprechenden Umfragen gaben immerhin mehr als 95 Prozent aller Katzenhalter an, regelmäßig mit ihren Stubentigern zu reden. Ich nehme an, der Rest wollte es nur nicht zugeben. Nun versteht Pussy zwar nicht alles, was Sie ihr sagen, aber doch erstaunlich vieles. Gewiss, von Erörterungen über die Vorzüge eines neuen Autos oder von einem Vortrag über Kommunalpolitik wird sie recht wenig begreifen, aber am Tonfall Ihrer Stimme und an den begleitenden Gesten kann sie zumindest erkennen, welcher Laune Sie gerade sind, ob es um etwas Erfreuliches oder Unerfreuliches geht und ob es sie selbst betrifft oder nicht.

Sie sollten sich also auf keinen Fall genieren, mit Ihrer Katze zu sprechen. Das Wesentliche bringen Sie mit dem Tonfall Ihrer Stimme rüber. Sie können Ihren vierbeinigen Freund damit nach Bedarf beruhigen, schelten, locken oder auch liebkosen.

Der richtige Ton macht's

Natürlich gibt es im Alltag eines Katzenhaushalts eine Reihe von Wörtern oder Sätzen, deren Bedeutung Mieze

TIPP

Den Namen lernen

- Am besten eignen sich für Katzen zweisilbige Namen, die man lockend und zärtlich aussprechen kann.
- Ständig wechselnde Kosenamen, und seien sie noch so gut gemeint, verwirren Ihre Katze nur.
- Verbinden Sie mit dem lockenden Ruf des Namens immer etwas für die Katze Positives, zum Beispiel wenn Sie sie füttern oder beim Streicheln, niemals etwas Unangenehmes wie etwa Eingesperrtwerden oder Medikamente-verabreicht-Bekommen.

ganz genau kennt. Allen voran ihren eigenen Namen. Über kurz oder lang begreift jede Katze, dass dieser spezielle menschliche Ruf allein ihr gilt. Meist ist er ja als eindeutiger Lockruf zu erkennen, dem zu folgen es sich lohnt. Manchmal saust er aber auch mit der Schärfe einer Peitsche durch die Luft, dann nämlich, wenn die Katze mit ihrem Verhalten Unmut hervorgerufen hat bei ihrem Menschen. Ich habe mich oft gewundert, wie ruhig und unbeteiligt die übrigen Katzen reagieren, wenn ich einen einzelnen Übeltäter mit scharfem Ruf seines Namens zurechtweise. Wer anders heißt, fühlt sich nicht angesprochen, während der Missetäter voll schlechten Gewissens in sich zusammensinkt und sich eilends irgendwo anders hin verdrückt. Einer weit verbreiteten Meinung nach hören Katzen besonders gut auf Namen mit »i«. Zweifellos können sie diesen hellen Laut besonders leicht wahrnehmen, aber auch wenn Sie Ihren großen, schwarzen Kater zum Beispiel »Brutus« oder »Satan« nennen, wird er seinen Namen lernen. Die Frage, die sich in

Katzen genießen es, wenn ihr Mensch leise mit ihnen plaudert.

einem solchen Fall eher stellt, ist, ob Sie einen derartigen Namen zärtlich lockend auszusprechen imstande sind.

Auf den Namen hören

Wenn ein Kätzchen ins Haus kommt, besteht gewöhnlich die erste Familienaktion darin, einen passenden Namen auszuwählen. Im nächsten Schritt müssen Sie dem Tierchen beibringen, dass es auf diesen Namen hört. Wenn Sie sich dabei an ein paar ganz einfache Regeln halten, wird das zweifellos recht schnell klappen (→ Tipp, Seite 96).

CHECKLISTE

Der richtige Umgangston

Geräuschempfindlich

✔ Ängstliche Katzen reagieren auf lärmendes Kinderspiel mit Verunsicherung. Sorgen Sie dafür, dass die Katze ausweichen kann.

Nicht wütend ansprechen

✔ In aufgebrachter Stimmung sollten Sie Ihre Katze nicht direkt anreden. Sie würde Ihren unwirschen Tonfall nur auf sich beziehen.

Nicht laut schimpfen

✔ Mit einer noch unsicheren Katze in der Eingewöhnungszeit möglichst nicht laut schimpfen. Zuerst muss ein grundlegendes Vertrauen zwischen dem Tier und Ihnen aufgebaut werden.

➤ Reden Sie die Katze, vor allem in den ersten Wochen, so oft wie möglich deutlich mit ihrem Namen an.

➤ Reagieren Sie in der ersten Zeit immer mit einer Belohnung, wenn die Katze auf den Namensruf hergekommen ist, am besten mit einem kleinen »Leckerli«.

➤ Rufen Sie die Katze immer, wenn etwas für sie Angenehmes bevorsteht, etwa Futter oder die Schmusestunde. Vermeiden Sie die Namensnennung unmittelbar vor unangenehmen Dingen wie etwa Eingesperrtwerden oder Zahn- und Ohrenkontrolle. Katzen haben ein phänomenales Gedächtnis für solche Situationen und kommen dann einfach nicht mehr, wenn sie ihren Namen hören, weil sie ein negatives Erlebnis damit verbinden.

Hat nicht unser Mensch gerufen? Einen Moment, wir kommen gleich!

Meister im Kombinieren

Im Laufe ihres Zusammenlebens mit dem Menschen lernt eine Katze noch viel mehr verstehen als nur ihren eigenen Namen. Die Bedeutung von Worten, Kommandos oder Sätzen, die in vergleichbaren Situationen immer wieder fallen, kennt sie bald genau. Das heißt aber keineswegs, dass sie bekannte Kommandos auch in jedem Fall befolgt. Dazu sind Katzen viel zu unabhängige und eigenwillige Wesen. Erziehung bedeutet bei einer Katze weder Zwang noch jederzeit abrufbare Dressur, sondern in erster Linie Motivation zum »Mitspielen«. Katzen achten, um uns Menschen zu verstehen, nicht nur auf akustische Signale. Sie sind hervorragende Beobachter und überdies ihrer Natur nach gewohnt, vieles mit der Sprache des Körpers auszudrücken. So ist es nicht verwunderlich, dass sie auch bei uns Menschen ganz genau auf die Körpersprache achten. Die Bedeutung bestimmter an sie gerichteter Gesten begreifen sie rasch, etwa den tadelnd erhobenen, wackelnden Zeigefinger oder die auffordernd auf den Schoß klopfende Hand. Aber so deutlich muss es für die scharfsinnigen

TIPP

Zeichensprache

➤ Katzen sind exzellente Beobachter und lernen bestimmte Gesten ebenso leicht verstehen wie gesprochene Kommandos. Daraus lassen sich in spielerischer Beschäftigung kleine »Kunststücke« entwickeln. Vorstellungen gibt die Katze jedoch nur, wenn sie auch tatsächlich Lust dazu hat.

➤ Der erhobene Zeigefinger beim Tadeln ist für Mieze besonders leicht verständlich, entspricht er doch der angehobenen Pfote einer ärgerlichen Katze.

1 Gewusst, wie

Katzen lernen durch Beobachten. Nicht nur Katzenkinder gucken ihrer Mutter viel Nützliches ab, auch Familienkatzen holen sich so manches Know-how, indem sie ihren Menschen genau auf die Finger schauen. So ist ihnen schnell klar, dass die Leckerli aus der Dose kommen. Und dass als Erstes der Deckel herunter muss ...

2 Selbstbedienung

Jetzt braucht man sich nur noch bedienen. Ist die Dose zu eng für den Kopf, wird Mieze die Leckerbissen geschickt mit der Pfote herausangeln. Hauptsache, es geht schnell, denn wenn die Menschen den verbotenen »Einbruch« bemerkt haben, wird es wahrscheinlich gleich wieder vorbei sein mit der Herrlichkeit.

Minitiger gar nicht sein. Vielfach können sie unsere Stimmungen und Absichten an kleinsten Nuancen der Gestik ablesen. Sie beobachten zuerst und – darin besteht die eigentliche Leistung – deuten das Gesehene dann richtig.
Das führt nicht selten dazu, dass manche Reaktionen einer Katze wie hellseherische Fähigkeiten anmuten.
Da sitze ich im Wohnzimmersessel und ein Blick auf die Uhr sagt mir, dass es wohl an der Zeit ist, unseren Kater Tobi zu füttern. Ich habe den Gedanken noch nicht zu Ende gedacht, schon springt besagter Kater von seinem Lieblingsplatz auf, auf dem er seit Stunden unbeweglich gelegen ist, und eilt in die Küche, wo er sich maunzend vor seinen Futternapf stellt.
Kann das Tier etwa meine Gedanken lesen? Eine Frage, die sich wohl jeder Katzenbesitzer schon gestellt hat.
Kann es natürlich nicht. Ich habe nur mal wieder die Beobachtungs- und Kombinationsgabe unseres Sofatigers unterschätzt. Seine untrügliche innere Uhr hat ihm schon lange gemeldet, dass es Zeit wird fürs Abendessen, und vorsichtshalber hat er mich schon eine ganze Weile nicht mehr aus den Augen gelassen.
Ein leichtes Straffen meines Rückens sagt ihm, dass ich gleich aufstehen werde, mein unbewusster Blick in Richtung Küchentüre zeigt ihm, wohin ich mich mit Sicherheit jetzt gleich wenden werde. Nun braucht er nur noch eins und eins zusammenzuzählen, um die Gewissheit zu haben: Endlich ist es so weit, jetzt gibt's Futter.

Katzen lernen durch Beobachten

Wie gesagt, Katzen sind exzellente Beobachter. Schon die kleinen Kätzchen gucken sich von ihrer Mutter eine Menge ab. Und auch erwachsene Katzen übernehmen so manches von Artgenossen, denen sie zuschauen. So wird ein »Neuling« den Gebrauch

Kleine Häppchen als Belohnung erleichtern die Katzenerziehung.

einer Katzenklappe in null Komma nichts lernen, wenn er einem »Routinier« dabei zusehen kann, wie er hindurchspaziert.

»Learning by doing«

Man kann davon ausgehen, dass auch wir den Samtpfoten ungewollt allein durch unser Tun die verschiedensten Informationen geben, die die schlauen Tiere dann für ihre Zwecke umsetzen.

Bewahren Sie zum Beispiel Vitamindrops oder andere Katzen-Leckerli in einer Dose auf, die griffbereit in der Küche steht? Dann hat Ihre Katze sicher längst erkannt, wie man an die Dinger rankommt: Erst muss der Deckel ab. Nun ist es nur noch eine Frage der Geschicklichkeit – und der verfügbaren Zeit, bevor die Aktion vom Menschen bemerkt und unterbunden wird –, dass Mieze die Zuteilung der Leckerbissen in die eigenen Pfoten nimmt. Oder die Sache mit den Türen. In Katzenaugen sind Türen äußerst störende Bestandteile der Menschenwohnung. Sie versperren den Weg, lassen sich nicht wie die Katzenklappe einfach aufdrücken, und jedes Mal warten zu müssen, bis ein Mensch sie öffnet, ist einfach frustrierend. Nicht wenige Katzen greifen hier zur Selbsthilfe. Der Zusammenhang zwischen Klinke bewegen und Türe aufdrücken ist nach wenigen Beobachtungen klar. Jetzt kommt die Phase »Learning by doing«, in

TIPP

Katzen und Zimmertüren

Um Katzen, die es gelernt haben Türklinken zu betätigen, den Zutritt zu bestimmten Räumen dennoch zu verwehren, können Sie

- die Türe mit dem Schlüssel absperren.
- die Türklinke senkrecht stellen. Das sieht zwar merkwürdig aus, hindert die Katze aber daran, sich mit den Pfoten an die Klinke zu hängen.
- anstelle einer Klinke einen Drehknauf anbringen, wie sie z. B. in England verbreitet sind.

der Tom oder Pussy mit kätzischer Hartnäckigkeit die Türklinke so lange anspringt oder sich daran hängt, bis der gewünschte Effekt erzielt ist. Die erst einmal aufgeklinkte Türe mit dem Kopf dann vollends aufzudrücken oder mit der Pfote aufzuziehen, je nach Öffnungsrichtung, ist nur noch eine Kleinigkeit. Ist das Kunststück mit der Klinke einmal gelungen, dauert es nicht mehr lange und (fast) keine Türe widersetzt sich mehr dem Katzenwillen. **Hinweis:** Für Haushalte mit Katze kann ich Zimmertüren mit Drehknöpfen wärmstens empfehlen. Hier sind die Stubentiger chancenlos.

Eine Katze ist eine einfühlsame Gesellschafterin. Bei gedrückter Stimmung zum Beispiel kann sie prima Trost spenden.

Eine einfühlsame Gesellschafterin

Eine Katze, die sich eng an einen Menschen oder eine Menschenfamilie angeschlossen hat, ist ein wahrer Freund. Und zwar in Freud und Leid. Mit feinem Gespür nimmt sie wahr, wenn wir einmal nicht so gut drauf sind. Welche speziellen Signale wir aussenden, wenn wir krank sind oder Kummer haben – wer weiß es schon. Unsere Katze jedenfalls hat die richtige Antenne dafür und reagiert mit vermehrter Zuwendung. Stundenlang sitzt sie am Bett des kranken Kindes, lässt dafür sogar ihr Lieblingskörbchen leer stehen und verzichtet auf die gewohnte Revierrunde. Sanft schnurrend legt sie sich auf oder auch nur neben ihren Menschenfreund, wenn dieser niedergeschlagen im Sessel hängt. Sie ist keineswegs aufdringlich, nur anwesend, als wolle sie sagen: »Keine Sorge, du bist nicht allein, ich bin bei dir.«

Katzen-Erziehung leicht gemacht

»Wo bist du gewesen?«

Zwischen Katzen läuft die Verständigung in hohem Maß auf dem Geruchsweg ab (→ Seite 86). Die Kommunikation zwischen Katze und Mensch unterscheidet sich darin nur insofern, dass der Informationsfluss recht einseitig ist. Während unsere Nasen bestenfalls »Gestank« melden (bei Kot und Urin nämlich), aber keinerlei Feinheiten mitkriegen, können Katzennasen beim begrüßenden Geruchs-Check aus dem Duft ihres Menschen so allerhand über dessen Machenschaften herauslesen.

Schnell, schnell naschen, solange mein Mensch es nicht merkt.

Nehmen wir die alltägliche Situation, dass der Mensch nach Hause kommt und von seiner Katze, die ihm zur Eingangstür entgegengelaufen ist, mit hochgestelltem Schwanz und freudigem Maunzen begrüßt wird. Noch bevor sich Mieze am Bein ihres großen Freundes reibt, hält sie kurz die Nase an Bein oder Schuh. »Moment mal! Kann das sein? Der ist doch glatt in eine frische Duftmarke des Nachbarkaters getreten. Die muss wohl direkt vor der Haustür sein. Das muss ich später unbedingt noch kontrollieren gehen.« Oder: »Merkwürdig. Er riecht gar nicht nach dem eigenen Auto wie sonst immer, sondern ganz fremd. Hier stimmt was nicht! Mal abwarten, ob sich mein Mensch wenigstens normal verhält.« Jetzt beugt sich der Mensch liebevoll zu seiner Katze hinab, um sie seinerseits zur Begrüßung ganz freundlich zu streicheln. Sie beginnt zwar zu schnurren, aber fast gleichzeitig zuckt ihr Schwanz unwillig hin und her. »Das darf ja wohl nicht wahr sein! Der hat doch tatsächlich gerade zuvor einen Hund gestreichelt!« Irritiert weicht die Katze ein wenig zurück. Unser Mensch wundert sich: »Na, was hat denn mein süßes Kätzchen heute nur?«
So oder so ähnlich mag so manche Szene ablaufen, bei der wir unserer Samtpfote detaillierte Informationen zutragen, von denen wir oft nicht einmal etwas ahnen.

Das muss Katze lernen

Wer zusammenleben will, muss sich auf gemeinsame Spielregeln einigen. Für gewöhnlich gibt in der Partnerschaft zwischen Mensch und Katze Ersterer den Ton an – mit Einschränkungen, versteht sich. Aber schließlich kann man, bei aller Bereitschaft, auf das Tier einzugehen, nicht selber zur Katze

Gehorsam muss belohnt werden. Die Belohnung muss aber nicht essbar sein, auch Kraulen ist der Katze Lohn genug.

werden, sondern will einigermaßen sein normales Dasein weiterführen. Und dazu gehören nun einmal unter anderem ein durch Berufstätigkeit oder Familie vorgegebener Tagesrhythmus, gewisse Vorstellungen von Hygiene sowie ein berechtigter Anspruch auf Unversehrtheit von Möbeln und sonstigem Eigentum. Alles Punkte, die einer Katze nicht von vorneherein einleuchten.

Glücklicherweise sind Katzen aber ungemein lern- und anpassungsfähig. So ist es »nur« die Aufgabe von Herrchen oder Frauchen, dem Sofatiger beizubringen, wie's laufen soll im gemeinsamen Leben. Das beinhaltet vor allem, ihm klarzumachen, was bitte schön alles zu unterbleiben hat.

Bei einer so eigenwilligen Tierspezies wie den Katzen setzt ein solches Vorhaben einiges an erzieherischem Feingefühl voraus.

Wie Katzen denken

Damit es klappt, sollten Sie sich zunächst klarmachen, dass eine Katze anders denkt als wir Menschen. Sie kann

CHECKLISTE

Erziehung mit Herz

Nicht erschrecken

- ✔ Sprechen Sie zu einer noch scheuen Katze stets mit ruhiger Stimme. Vermeiden Sie auch laute, explosive oder scheppernde Geräusche in Gegenwart des Tieres.

Gleiche Worte

- ✔ Verwenden Sie immer die gleichen Kommandos oder Formulierungen, wenn Sie Ihre Katze direkt anreden.

Keine Ausnahmen

- ✔ Eine Regel mit Ausnahmen ist für Ihre Katze keine Regel. Wenn Sie Wert legen auf »gutes Benehmen« (kein Betteln bei Tisch, kein Schlafen im Bett oder Ähnliches) seitens der Katze, müssen Sie das unerwünschte Verhalten konsequent unterbinden.

Rechte gewähren

- ✔ Ihre Katze versteht nicht, wenn ihr einmal gewährte Rechte »ausnahmsweise« wieder entzogen werden, sie zum Beispiel nicht auf dem Sofa liegen darf, nur weil Besuch da ist. Das wird sie Ihnen übel nehmen.

Strafen

- ✔ Grundsätzlich dürfen Sie nie handgreiflich werden, sonst zerstören Sie das Vertrauen des Tieres zu Ihnen. Besser ist es, Mieze zu erschrecken, wenn Sie sie bei verbotenem Tun erwischen (→ Seite 105).

nicht abstrakt denken, das heißt, sie vermag nicht eine gemachte Erfahrung auf eine andere Situation zu übertragen. Haben Sie sie mehrfach vom Küchentisch herabgescheucht, heißt das für die Katze lediglich: »Herrchen/Frauchen mag nicht, dass ich auf den Küchentisch springe.« Sie käme nie auf die Idee, dass dasselbe automatisch auch für den Wohnzimmertisch gelten könnte. Dagegen wird ein anderer Zusammenhang sehr rasch im Erfahrungsschatz der Katze verankert: »Wenn Herrchen/Frauchen nicht in der Küche ist, spricht nichts beziehungsweise niemand dagegen, auf den Tisch zu springen und sich von dort einen verführerisch leckeren Happen zu holen.« Katzenlogik, mit der man als Mensch umgehen lernen muss!

TIPP

Erziehung in der Praxis

- »Braves« Verhalten der Katze mit einem Leckerli oder Streicheleinheiten belohnen.
- Strafe nützt nur unmittelbar während der verbotenen Tat.
- Die Katze zum Beispiel durch lautes Händeklatschen von verbotenem Tun ablenken. Das Tier niemals schlagen!

Erziehungsregeln

Wenn Sie sich bei Ihren erzieherischen Ambitionen an ein paar goldene Regeln halten, wird sich der Erfolg bald einstellen und Ihr Stubentiger zum angenehmen Hausgenossen werden.

Immer gleich reagieren. Tadel, die sich abwechseln zwischen »Pfui!«, »Nein!«, »Lass das bleiben!«, »Oh, du schlimme Katze!« und anderen Ausdrücken, sind für die Katze nur schwer einzuordnen. Bei einem immer gleichbleibenden, bestimmten »Nein!« weiß sie in kürzester Zeit, was Sache ist.

Unverzüglich reagieren. Eine Katze verbindet eine unangenehme Erfahrung nur mit ihrem unmittelbaren Tun. Wird sie geschimpft, weil sie vor einer halben Stunde eine Wurst geklaut hat, während sie jetzt gerade satt und friedlich in ihrem Körbchen döst, kann sie Ihren Unmut nur auf das Liegen im Körbchen beziehen – und ist entsprechend irritiert. Bemerken Sie eine Missetat erst im Nachhinein, bleibt für dieses Mal nur Zähneknirschen und der Vorsatz, Mieze in Zukunft keine Gelegenheit mehr zu geben, unerwünschtes Verhalten zu zeigen.

Erwünschtes Verhalten belohnen. Katzen tun grundsätzlich nichts aus purer Vernunft oder Nächs-

Das Kommando »Nein!« sollten schon ganz kleine Kätzchen befolgen lernen.

tenliebe, ihr einziger Anreiz ist eine Belohnung. Diese muss keineswegs immer essbar sein, auch Streicheln, ein Spielchen oder sonst etwas für die Katze Angenehmes erfüllen diesen Zweck. Sorgen Sie daher dafür, dass es sich für die Katze lohnt, sich »brav« zu verhalten.

Auf Konsequenz achten. Das A und O der Katzenerziehung ist ein absolut konsequentes Einhalten der einmal gesetzten Regeln. Keine Katze versteht es beispielsweise, wenn sie eigentlich nicht ins Bett darf, aber heute mal eine Ausnahme gemacht wird, weil Sie vielleicht krank sind und das Bedürfnis zum Kuscheln haben. Machen Sie nur ein Mal eine Ausnahme, und sei diese für uns Menschen noch so erklärlich, wird dies in den Augen Ihrer Katze nichts anderes als die Aufhebung der bisherigen Regelung bedeuten. Welches Verwirrspiel, wenn dann bei nächster Gelegenheit die alte Regel doch wieder gelten soll!

Katzenerziehung erfordert einiges an Konsequenz. Was heute erlaubt ist, darf morgen nicht verboten sein.

Die Sache mit der Strafe

Bestrafen ist in der Katzenerziehung ein heikler Punkt. Zum einen, weil nur schwer sicherzustellen ist, dass das Tier die Maßnahme auch wirklich auf das Tun bezieht, das Sie damit rügen wollen. Zum anderen, weil die Katze, vor allem bei wiederholtem Gestraftwerden, mit Misstrauen Ihnen gegenüber reagieren kann.

Werden Sie daher niemals handgreiflich. Besser ist es, den Missetäter unmittelbar bei der »Tat« durch ein lautes Geräusch zu erschrecken, etwa Händeklatschen oder lautes Scheppern. Auch eine Dusche aus der Blumenspritze ist ein bewährtes abschreckendes Mittel. Noch besser ist es, wenn die Katze die unangenehme Erfahrung gar nicht mit Ihnen, sondern mit dem verbotenen Platz in Verbindung bringt. Für Micze stellt sich die Situation dann zum Beispiel folgendermaßen dar: Sie zupft genüsslich mit den Krallen an der Sofapolsterung, plötzlich zischt über die Lehne eine Wasserdusche auf sie herab – das gekratzte Sofa hat sich gewehrt.

Grundsätzlich ist eine Strafe nur dann wirkungsvoll, wenn Sie Ihren Liebling auf »frischer Tat« ertappen. Eine Bestrafung erst nach dem verbotenen Tun und der Erziehungseffekt ist gleich Null.

Fragen rund um Verhalten und Erziehung

? Meine Katzen Lilly und Minni knabbern mit Vorliebe an meiner wunderschönen Zimmerpalme. Kann ich ihnen diese Unart abgewöhnen?
Katzen brauchen Gras und andere Grünpflanzen zur Verdauung. So wird verhindert, dass sich gesundheitsschädliche Haarballen im Verdauungssystem ansammeln. Die pflanzlichen Bestandteile im Magen lösen ein durchaus heilsames Erbrechen aus. Die beim ausgiebigen Putzen geschluckten Haare werden mit ausgewürgt. Machen Sie Ihren Katzen doch einfach ein Ersatzangebot. Im Zoofachhandel gibt es Katzengras zu kaufen. Allerdings ist das keine Garantie dafür, dass Ihre Katzen die Palme nun in Ruhe lassen. Viele Katzen sind in der Wohnung unterbeschäftigt. Deshalb suchen sie sich »Aufgaben«, und dazu kann auch das Zerlegen von Zimmerpflanzen gehören.

? Gibt es eigentlich Namen, die eine Katze leichter lernt als andere?
Ja, die gibt es. Für kleine Stubentiger zu empfehlen sind vor allem zweisilbige Namen wie zum Beispiel Pussy, Tobi, Minka oder Charly. Katzen können solche Namen besonders leicht lernen, denn sie heben sich deutlich von einsilbigen Zurufen wie etwa »Komm!«, »Raus!« oder »Nein!« ab. Und für uns sind sie außerdem leichter auszusprechen als drei- oder mehrsilbige Namen.

? Mein Kater Billy darf nicht auf dem Tisch herumspazieren. Daran hält er sich auch, wenn ich zu Hause bin. Doch wenn ich mal nicht da bin, habe ich das Gefühl, dass er mein Verbot völlig ignoriert. Was kann man hier tun?
Legen Sie mehrere Streifen doppelseitiges Klebeband auf dem Tisch aus, wenn Sie weggehen. Katzen mögen Klebriges an ihren Pfoten überhaupt nicht. Macht Billy nun die Erfahrung, dass er am Tisch kleben bleibt, wird er

Zweckentfremdung: Solange es nicht ausdrücklich verboten ist, ist es doch erlaubt.

diesen Platz in Zukunft von sich aus meiden. Allerdings werden Sie diese Vorkehrungen mindestens zwei Monate lang treffen müssen, bevor Billy die erwünschten Schlussfolgerungen aus seinen klebrigen Erfahrungen zieht und der Tischplatte dauerhaft fern bleibt.

? Unsere Katze Coco kratzt mit Vorliebe an den Stuhlbeinen. Die zerkratzten Stühle sehen einfach furchtbar aus. Gibt es eine Möglichkeit, Coco von den Stühlen fernzuhalten?

Wie wichtig das Markieren mit den Krallen für Katzen ist, habe ich ausführlich auf Seite 89 beschrieben. Deshalb brauchen Katzen in der Wohnung unbedingt einen Kratzbaum oder ein Kratzbrett (→ Seite 123). Doch auch dann lassen manche Katzen nicht davon ab, andere Gegenstände – wie in Ihrem Fall die Stuhlbeine – zu markieren. Versuchen Sie es einmal mit einem sogenannten Pheromonspray (beim Tierarzt erhältlich). Diese künstlichen Geruchsstoffe entsprechen denen, mit welchen die Katze durch Reiben des Kopfes einen Gegenstand oder einen Artgenossen markiert. Weil Katzen gewöhnlich an einer Stelle bei einer Art des Markierens bleiben, bekommen die Stuhlbeine in der Folge lediglich das sanfte Reiben des Kopfes von Coco zu spüren, nicht aber ihre scharfen Krallen.

? Auf unserer Terrasse stehen viele Kübelpflanzen. Unsere drei Katzen knabbern zwar nicht an diesen Pflanzen, sie benutzen vielmehr die Kübel als Katzenklo. Was können wir dagegen tun?

Wichtig ist es, dass jede Katze ihr eigenes – stets sauberes – Katzenklo in der Wohnung hat. Ist das der Fall, aber die Tiere benutzen trotzdem die Blumentöpfe als Klo, können Sie Folgendes versuchen, um sie davon fernzuhalten: Verteilen Sie granulierte Zwiebeln, gemahlenen schwarzen Pfeffer oder Knoblauch auf der Blumenerde. Katzen schnuppern gewöhnlich zuerst an der Erde. Der Pfeffer beziehungsweise die anderen Gewürze werden ihnen unangenehm in die Nase steigen. Sie können die Erde auch mit großen Kieselsteinen oder Plastikfolie abdecken.

MEINE TIPPS FÜR SIE

Helga Hofmann

Harmonie im Katzenhaushalt

- Die meisten Missstimmungen zwischen Katze und Mensch beruhen auf Situationen, in denen Mieze gegen irgendetwas protestiert. Sorgen Sie dafür, dass sie möglichst nichts zu protestieren hat.
- Regelmäßige und ausdauernde Jagd- und Fangen-Spiele gewährleisten, dass sich in der Katze kein unausgelebter Jagdtrieb aufstauen kann.
- Alltagsroutine zählt zu den Grundbedürfnissen der Katze. Vermeiden Sie allzu viel zeitliche oder räumliche Abwechslung.
- Versuchen Sie einmal, Ihre Wohnumgebung und Ihr eigenes Verhalten mit Miezes Augen zu sehen, und Sie werden Ihre Katze mit Sicherheit in vielen Dingen besser verstehen.
- Konsequenz ist das A und O einer jeden Katzenerziehung. Verhält sich Ihre Katze »ungezogen«, sollten Sie Ihre Erziehungsmethoden überprüfen.

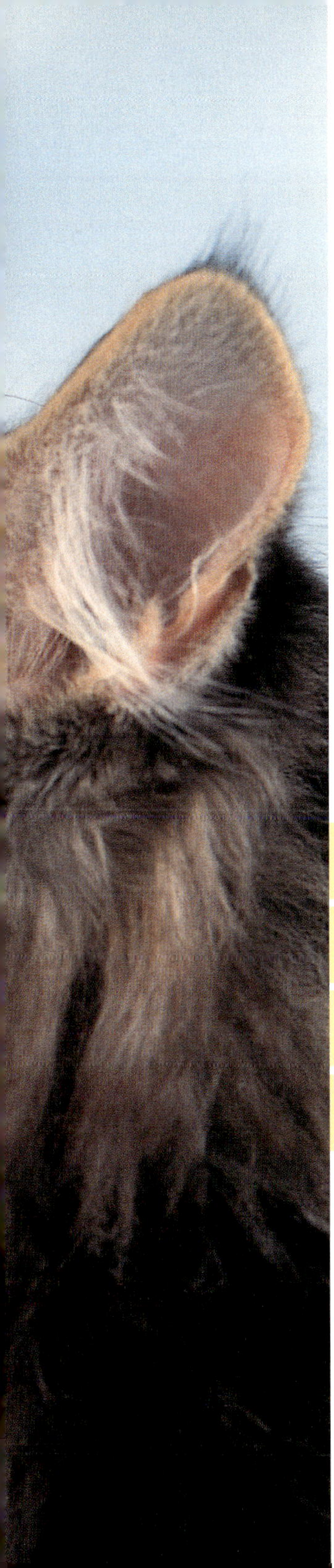

Wie Katzen mit uns sprechen

»Miau« in allen Variationen

Erwachsene Katzen können sich ungemein dezent miteinander verständigen. Verglichen damit muss eine Katze, die sich dem Menschen verständlich machen will, meist erst ziemlich deutlich werden.

Durch Anstarren der Türe zeigt die Katze, dass sie rausgelassen werden will.

»Mama« Mensch

Das Miauen entstammt der Kindersprache der Katze, erwachsene Tiere verwenden es untereinander nicht (→ Seite 72). Der Mensch aber, der unbegrenzt Futter beschaffen und auch sonst jedes Problem lösen und stets für Wohlbefinden sorgen kann, ist für Mieze eine Art »Überkatze«, genau wie es in ihren Kindertagen die eigene Mama war. So ist es nur folgerichtig, dass Mieze ihn auch auf dieselbe Art und Weise »anredet«, wie sie einst mit ihrer Mutter kommunizierte. Einen kleinen Unterschied allerdings gibt es: Mama war stets aufmerksam und um das Wohl ihrer Sprösslinge besorgt, der Mensch ist nicht selten so sehr mit anderen Dingen beschäftigt, dass er schlichtweg nicht auf Mieze achtet (oder nicht achten will). Wen wundert es da, dass sie in solchen Fällen etwas lauter und nachdrücklicher wird in ihrer Aufforderung? Als Hausgenosse einer Katze kommt Ihnen folgende Szene bestimmt bekannt vor. Sie sitzen bequem vor dem Fernseher, da ertönt von außerhalb der Terrassentüre ein dezentes »Mau«. Noch eines und noch eines. Millie sitzt vor der Tür. Ab dem vierten »Mau« schwillt die Lautstärke an, ab dem zehnten wird das Wort ausbuchstabiert: »Mii-au!« Kurze Sendepause, dann plötzlich ein herzzerreißendes Jaulen, dass sich die Fensterscheiben biegen. Sie springen

TIPP

Futterbetteln bei Tisch vermeiden

- Füttern Sie die Katze(n) morgens und abends stets, bevor Sie sich selbst zum Essen hinsetzen.
- Stellen Sie den Futternapf der Katze nicht in der Nähe des Esstisches auf, am besten auch nicht in der Küche.
- Bekommt die Katze tatsächlich einmal etwas von Ihrer Kost ab (einen Löffel Quark oder Joghurt, den Fettrand des Schinkens, Knorpel), geben Sie ihr die Häppchen zumindest nicht unterm Tisch, sondern legen Sie sie in Miezes Futternapf.

auf (»Mein Gott, ist der Nachbarhund schon wieder hinter ihr her!«), stürzen zur Tür, reißen sie auf, um Ihre arme Katze aus höchster Not zu retten. Selbige jedoch spaziert gelangweilt herein, streicht beiläufig an Ihrem Bein entlang und entfernt sich huldvoll in Richtung Sofa. Gewusst wie! Millie hat längst gelernt, dass sie nur laut genug schreien muss, dann tut ihr Mensch schon, was sie will.

Futterbetteln

Das ursprüngliche »Miau« entstammt der Szene, wenn Katzenmama von einem Jagdausflug nach Hause kommt und von ihrem Nachwuchs ungeduldig mit diesen Rufen begrüßt wird. Die hungrigen Kleinen sind scharf auf die Maus, die Mama doch hoffentlich mitgebracht hat, und sind erst wieder still, wenn sie das Futter zwischen ihren Zähnen halten.
Ihre (erwachsene) Katze könnte sich ja theoretisch selbst mit Mäusen versorgen, da aber Sie nun mal die Rolle des Futter-Herbeischaffers übernommen haben, spielt Mieze gern die andere Rolle, die des futterbettelnden Kätzchens. Dazu gehört auch das Herbeilaufen mit hochgestelltem Schwanz, das gesamte Repertoire des Schmeichelns, das Vorauseilen zum Futternapf – und eben Miauen, Miauen, Miauen.
Menschen schaffen es meistens nur eine begrenzte Zeit, solch geballter kätzischer Überredungskunst standzuhalten. Erzieherische Ideale her oder hin, irgendwann siegt entweder das Mitleid mit der »halb verhungerten« Katze oder, je nach Tagesverfassung, beginnen die Nervenstricke zu reißen. Dann

Auf den Rücken rollen: ein Gruß und zugleich Vertrauensbeweis.

CHECKLISTE

»Katzensprache«

Die Katze starrt unverwandt die Türklinke an
✔ »Nun mach doch endlich die Tür auf. Ich will raus.«

Sie springt von draußen auf die Fensterbank
✔ »Ich will rein! Hier oben siehst du mich doch. Also mach schon auf!«

Sie legt Ihnen ihr Spielzeug vor die Füße
✔ »Bitte, bitte, spiel mit mir.«

Sie miaut mit der Ausdauer eines Uhrwerks
✔ »Ich nerv' dich jetzt so lange, bis du mir endlich Futter gibst.«

Sie wirft sich Ihnen der Länge nach vor die Füße
✔ »Ich möchte sooo gerne gestreichelt werden.«

öffnen Sie die Futterdose. Und Mieze hat, was sie wollte. Dass diese Taktik in vielen Fällen auch außerhalb der gewohnten Fütterungszeiten zum Ziel führt, etwa wenn es aus der Küche gut duftet oder gerade eine leckere Brotzeit auf dem Tisch steht, liegt auf der Hand. Bestenfalls Menschen mit stoischer Ruhe oder mit Nerven wie Drahtseilen haben gegen die Zermürbungstaktik einer Katze eine Chance. Doch wenn Sie zu den Normalsterblichen gehören, die irgendwann schwach werden, haben Sie für absehbare Zeit ein Problem am Hals, nämlich eine »ungezogen« bettelnde Katze. Mit Katzen ist es wie mit Kindern: Stets lernen sie just das besonders rasch, was sie tunlichst nicht lernen sollten.

Kapier' schon endlich!

Nicht nur verbal, auch durch eindeutige Gesten versuchen Katzen »ihrem« Menschen klarzumachen, was sie von ihm wollen. Dabei erweisen sie sich als erstaunlich findig, Zeichen zu entwickeln, die selbst der begriffsstutzigste Mensch versteht. Wenn unser Kater Tobi eine verschlossene Tür geöffnet bekommen will, stellt er sich davor und scharrt mit weit ausholenden, demonstrativen Bewegungen am Türspalt. Sein Blick ist dabei keineswegs auf die Tür gerichtet, die er bearbeitet, sondern über die Schulter zurück zu mir. Und was für ein Blick das ist! Nach einigem Scharren untermalt er sein Gestikulieren noch mit der Stimme. Erst wenn ich ihn doch tatsächlich ignoriere und schnöde aus seinem Blickfeld weggehe, gibt er seine Mitteilungsbemühungen auf, springt zur Klinke hoch und öffnet sich die Tür selber. Sehr viele Katzen wählen die Anstarr-Methode, um Herrchen oder Frauchen zu verstehen zu geben, was ihr Begehr ist. Da sitzen sie vor der Tür und starren unverwandt die Türklinke an. Wohlgemerkt, sie lauern nicht darauf, dass der Türspalt sich vor ihnen öffnet, sondern fixieren die Klinke hoch über ihrem Kopf. Ihr Blick bohrt sich gleich einem Hinweispfeil in den Gegenstand, den der Mensch doch bitte betätigen möge.

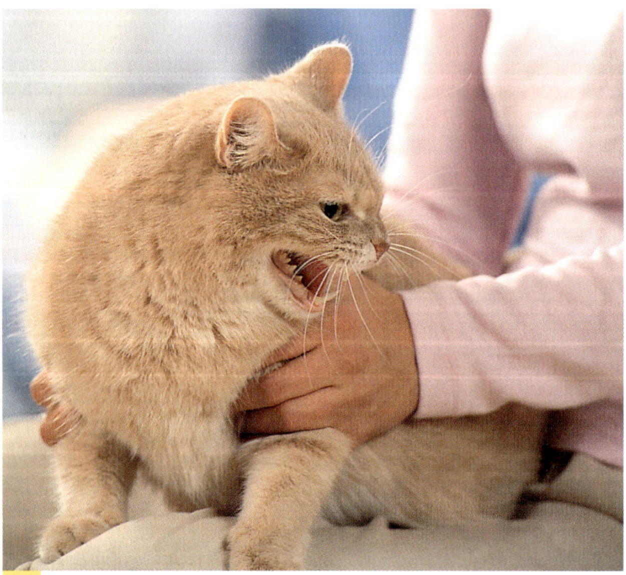

> *Wenn die Katze genug vom Streicheln hat, muss sie dies oft durch Fauchen deutlich machen, bevor der Mensch versteht.*

Andere Stubentiger heften ihren Blick so lange auf den Wasserhahn, bis ein Familienmitglied diesen ein wenig aufdreht und Mieze trinken oder das beliebte »Wasserstrahlfangen«-Spiel beginnen kann. Wieder andere fixieren ihre zusammengelegte Kuscheldecke, die man doch bitte ausbreiten möge, oder die Teppichecke, die irgendjemand so hochschlagen müsste, dass eine Spielröhre zum Hineinschlüpfen daraus entsteht. Blicke können ja so vielsagend sein.

Hat Ihre Katze Selbstbewusstsein?

	Ja	Nein
1. Ihre Katze möchte, dass Sie die Tür öffnen. Sie miaut lautstark und scharrt am Türspalt.	☐	☐
2. Wenn Ihre Katze gestreichelt werden will, springt sie auf Ihren Schoß.	☐	☐
3. Ihre Katze hat Hunger. Sie miaut ununterbrochen und streicht Ihnen so lange um die Beine, bis Sie den Futternapf füllen.	☐	☐
4. Sie lesen Zeitung. Ihre Katze aber will spielen und bringt ein Spielzeug. Sie springt mit dem Spielzeug auf Ihren Schoß oder setzt sich auf die Zeitung.	☐	☐
5. Lust auf Schmusen. Ihre Katze wirft sich Ihnen unvermittelt der Länge nach vor die Füße.	☐	☐
6. »Lass mich rein.« Ihre Katze springt von draußen auf die Fensterbank. »Hier musst du mich doch sehen.«	☐	☐

Auflösung: Ein »Ja« auf alle Fragen: Ihre Katze strotzt vor Selbstbewusstsein und weiß genau, wie sie sich Ihnen verständlich machen kann. Mehr oder weniger viele »Nein«: Ihre Katze ist eher schüchtern und zurückhaltend.

Bitte streicheln!

Eine weitere Freundschaftsgeste besteht darin, dass sich Ihre Katze mit erwartungsvollem Blick und vielleicht ein paar kleinen, leisen Maunzern vor Ihnen der Länge nach hinlegt, sich zur Seite rollt und Ihnen den Bauch entgegenreckt, was besagt: »Ich könnte jetzt ein paar Streicheleinheiten vertragen.« Wo es ihr genehm wäre, ist nicht schwer zu erraten, sie zeigt es Ihnen ja. Doch muss das Präsentieren des Bauchs nicht unbedingt als Aufforderung zum Streicheln gemeint sein. Wenn Sie sich der Katze während ihrer Siesta genähert haben und sie noch zu schläfrig ist, um Sie lebhafter zu begrüßen, rollt sie sich vielleicht nur einfach träge gähnend auf den Rücken. In Worte übersetzt heißt das dann: »Hallo, mein Freund! Schau her, ich drehe dir meinen Bauch zu. Will sagen, ich vertraue dir genug, um in deiner Gegenwart diese kritische Stellung einzunehmen, in der ich höchst verwundbar bin.« Ein Vertrauensbeweis erster Klasse also, verbunden mit einem nachlässig-legeren Gruß. Gerade weil die Katze aber eigentlich weiterschlafen will, ist sie in einer solchen Situation oft wenig entzückt, wenn sie tatsächlich von Ihnen am Bauch gestreichelt wird. Möglicherweise wird sie Ihnen dies deutlich mit ausgefahrenen Krallen zu verstehen geben.

Deutliche Aufforderungen

Zu Füßen gelegt

Etwas raschelt leise zu Ihren Füßen, Ihre Katze reibt sich an Ihrem Bein. Sie blicken hinab, da liegt der kleine zusammengeknüllte Papierball, mit dem Sie Ihren Stubentiger während der gestrigen Spielstunde durchs Wohnzimmer sausen ließen. Er hat das Spielzeug in irgendeiner Zimmerecke gefunden und Ihnen in eindeutiger Absicht vor die Füße gelegt.

TIPP

Vorsicht! Katze!

- Katzen nähern sich oft lautlos von hinten. Ein unbedachter Schritt zurück kann Mieze verletzen.
- Achtung auch bei einem Arbeitsstuhl mit Rollen. Hinter ihm könnte die Katze liegen.
- Sind Jungkatzen im Haus, sollten Sie sich vorübergehend eine schlurfende Gehweise angewöhnen.

Deutlicher kann die Aufforderung zum Weiterspielen wohl nicht sein.
Was von Hunden allgemein bekannt ist, dass sie nämlich Stöckchen und Bälle anschleppen zum Apportier-Spiel, das praktizieren auch viele Katzen. Ob Plüschmaus, Weinkorken oder Papierknäuel, nicht wenige Katzen apportieren mit Begeisterung alles, was Sie ihnen werfen.

Bitte Aufmerksamkeit!

Katzen zeigen auf unterschiedlichste Weise, dass sie Ihre Aufmerksamkeit wünschen. Miauen ist die eine, Um-die-Beine-Streichen eine andere Methode. Deutlicher noch und irgendwie rührend ist eine Katze, die sich neben Sie hinsetzt, mit treuherzigen Augen emporblickt und dabei eine Samtpfote zart an das Menschenbein legt. Das wirkt fast immer. Wer kann solch einer zarten Bitte schon widerstehen? Eine wesentlich direktere Art der Annäherung besteht darin, dass Ihnen die Katze kurzerhand auf den Schoß springt. Hier ist sie nicht zu übersehen – und meist bekommt sie dann ja auch die gewünschten Streicheleinheiten.
Zugegeben, manchmal können Miezes Annäherungsversuche ziemlich lästig sein. Dann nämlich, wenn sie trotz deutlicher Ablehnung seitens des Menschen ihre Bemühungen einfach nicht aufgibt.

Mieze hätte jetzt nichts dagegen, auf den Arm genommen zu werden.

1 Anstupsen
Mit dieser zarten Berührung bittet die Katze auf dezente Art um etwas mehr Aufmerksamkeit. Ihre Krallen lässt sie dabei meistens verborgen.

2 Beine umstreichen
Mit hochgestelltem Schwanz streicht die Katze eng um die Beine. Das gleiche Verhalten zeigen Kätzchen, wenn sie Mutter um Futter anbetteln.

3 Bauch zeigen
Unvermittelt wirft sich Ihnen die Katze vor die Füße, den Bauch nach oben. Sie will jetzt unbedingt gestreichelt werden, wo, das zeigt sie Ihnen.

Nicht nur die Geduld einer Katze, sondern auch ihre Ausdauer ist geradezu legendär. Anstatt ärgerlich zu werden, sollten Sie jedoch versuchen, die Situation aus der Sicht der Katze zu sehen. Sie kann nun mal nicht begreifen, dass »ihr« Mensch sie zwar mag, nur eben nicht gerade jetzt, wo er dringend andere Dinge zu tun hat.
Rücksichtnahme ist nicht Miezes starke Seite. In den Augen Ihrer Katze sind Sie vermutlich schlichtweg recht schwer von Begriff, und höchstwahrscheinlich hat sie durch frühere Erfahrungen gelernt, dass sie durch entsprechende Beharrlichkeit sehr wohl ihr Ziel erreicht.
Bei besonders aufdringlichen Kontaktbemühungen Ihrer Katze hilft nur eines: Nerven bewahren und freundlich bleiben. Schließlich will das Tier Sie ja keinesfalls ärgern, sondern demonstriert ganz im Gegenteil seine enge Bindung zu Ihnen. Taktgefühl ist jetzt gefragt. Setzen Sie Mieze, je nach Situation, immer wieder freundlich, aber bestimmt von Ihrem Schoß auf den Boden zurück, verlassen Sie selber den Raum oder sperren Sie notfalls die Katze vorübergehend hinaus. Auch wenn Ihr Samtpfötchen dann erst mal »beleidigt« reagiert – sie wird Ihnen nichts nachtragen. Hauptsache, Sie nehmen sich bei nächster Gelegenheit wieder viel Zeit zum Schmusen, Streicheln und Spielen mit ihr.

So schön wie bei Muttern

Kann es eine innigere Beziehung als zwischen einer Mutter und ihrem Baby geben? Wohl kaum, und das Gefühl von Wärme und Geborgenheit in Mutters Nähe empfinden Katzenkinder sicherlich als ebenso schön und beruhigend wie Menschenkinder. Für unsere Schmusekatzen übernehmen wir Menschen nicht nur dann die Mutterrolle, wenn wir mit der Futterschüssel klappern, sondern auch, wenn sie auf unserem großen, warmen Schoß

kuscheln dürfen. Da wird selbst der stärkste Kater wieder zum kleinen Kätzchen. Woher wir das wissen? Nun, er benimmt sich so.
Jeder Katzenbesitzer kennt die Situation, dass die Katze es sich auf seinem Schoß bequem macht und, wohlig schnurrend, beginnt, ihn mit den Vorderpfoten zu bearbeiten. In einer langsamen, rhythmischen Bewegung

Beim Putzen abgelenkt vergisst man schon mal die Zunge draußen.

drücken die Pfoten abwechselnd in den menschlichen Bauch oder Schenkel. Bei zunehmender Intensität dieses bedächtigen Massierens wird einem schmerzhaft bewusst, dass Katzenpfoten mit Krallen ausgestattet sind. Vor allem bei sommerlich leichter Bekleidung bereitet deshalb das verzückte Treteln dem Menschen sichtlich weniger Vergnügen als seiner kleinen Samtpfote.
Beobachtet man kleine Kätzchen, die sich gerade anschicken, an Mutters Zitzen zu trinken, sieht man genau dieselben Bewegungen. Mit ihren kleinen Pfötchen massieren die Katzenkinder die Milchleiste der Kätzin und regen so den Milchfluss an. Die Milchbar ist eröffnet.
Mit ihrem vertrauensvollen Kleinkindverhalten zeigt die Katze ihrem Besitzer, dass sie sich bei ihm rundum wohlfühlt. Wie unverständlich und enttäuschend muss es für das Tier sein, wenn es dabei eine Zurückweisung erfährt.
Woher soll es wissen, dass die »Adoptivmutter« es nur deshalb wegschiebt oder auf den Boden setzt, weil sie wegen ihres dünnen »Fells« die Krallen als unangenehm empfindet? Ein verständnisvoller Katzenfreund beißt daher die Zähne zusammen, wenn's bei der Schmusestunde mal piekst. Eine bessere, da weniger schmerzhafte Lösung bringt eine Decke, die Sie sich einfach über den Schoß breiten, je kuscheliger, desto besser. Ihr Schoßtiger wird sich gern darauf niederlassen, weil sie ihn an das weiche Fell seiner Mutter erinnert. Und Sie können sein wohliges Treteln als Liebeserklärung genießen, weil die Krallenwirkung abgedämpft wird.

TIPP

Saugen an der Kleidung

- Wenn Ihre Katze beim Kuscheln an Ihrer Kleidung saugt, bestrafen Sie sie nicht dafür. Mieze fühlt sich dabei wie ein kleines Kätzchen, das bei einer Ersatzmutter nuckelt.
- Überlassen Sie doch der Katze Ihren alten, getragenen Wollpullover oder ein benütztes Frotteehandtuch zum Nuckeln.
- Wenn das Saugen zur ständigen Gewohnheit, geradezu zur Sucht wird, liegt die Ursache häufig darin, dass sich die Katze langweilt oder sich vernachlässigt fühlt.

Von fremden Hunden halten Katzen gemeinhin respektvollen Abstand. Aber wenn sie den Hund kennen, zum Beispiel mit ihm aufgewachsen sind, können die beiden die besten Freunde werden.

Die Hand lecken

Eine weitere sehr intime Sympathiebezeugung Ihrer Katze besteht darin, dass sie Ihnen die Hand oder andere Körperteile ableckt.

Eigentlich ist die Fellpflege bei erwachsenen Katzen ja etwas, was jede für sich selbst erledigt, doch kommt in gewissen Fällen auch gegenseitiges Putzen vor. Die Mutterkatze leckt, säubert und massiert ihre Jungen, Wurfgeschwister praktizieren das Putzen häufig gegenseitig und behalten diese wechselseitige Fellpflege oft auch noch im Erwachsenenalter bei. Auch nicht miteinander verwandte Katzen, die aber zum Beispiel zusammen aufgewachsen sind und eine sehr enge soziale Bindung entwickelt haben, erweisen sich häufig gegenseitig diesen Liebesdienst.

Oft putzen sie sich wechselweise hinter den Ohren, eine Stelle, die mit der eigenen Zunge nun mal ausgesprochen schlecht zu erreichen ist. Neben der Fellreinigung hat diese »Fremdpflege« aber vor allem auch die Funktion, die freundschaftliche Bindung zwischen den Tieren zu bestätigen und zu festigen.

Und genau in diesem Sinne ist es auch zu verstehen, wenn die Katze ihrem menschlichen Freund oder der Freundin beim traulichen Kuscheln hingebungsvoll mit ihrer rauen Zunge »das Fell bürstet«. Ob sie dabei die bloße Haut oder den Pullover bearbeitet, spielt für Mieze keine Rolle. Es geht ihr ja keineswegs um das Reinigen, sondern nur darum, deutlich auszudrücken: »Du, ich mag dich!«

Wenn die Harmonie gestört ist

In jeder noch so guten Partnerschaft kommt es ab und an zu Missverständnissen. Warum sollte dies zwischen Mensch und Katze anders sein? Doch mit einer guten Beobachtungsgabe und ein wenig Einfühlungsvermögen lernen Sie Ihre Katze besser verstehen. Dann ist die Beziehung rasch wieder im Lot.

Wenn Mieze ihre Krallen einsetzt, gibt es meist einen Grund dafür.

Undankbar und heimtückisch?

Welcher Katzenfreund kennt folgende Situation nicht? Ihr Stubentiger wirft sich vor Ihnen auf den Boden und reckt Ihnen seinen wohlgerundeten Bauch entgegen. Sie kommen seinem Wunsch nach Streicheleinheiten gerne nach, und Ihr kleiner Sofatiger schnurrt wohlig. Das animiert Sie natürlich zu weiterem Knuddeln und Massieren des weichen Katzenbauchs. Nach einer Weile packt der Kater plötzlich und blitzschnell mit den Krallen Ihre streichelnde Hand und beißt schmerzhaft hinein.
Statt ihn als »undankbares Vieh« zu beschimpfen, sollten Sie sich selbst der Unaufmerksamkeit bezichtigen. Sie haben die Signale, die Ihnen den Stimmungsumschwung der Katze anzeigen sollten, nicht beachtet: den zuckenden Schwanz, die sich allmählich seitwärts drehenden Ohren, die sich verengenden Pupillen. All dies besagt: »Es reicht jetzt!« Der peitschende Schwanz signalisiert den inneren Konflikt, in dem sich die Katze befindet. Einerseits will sie ihrem Menschenfreund nichts Böses, andererseits sind ihr seine Liebkosungen zunehmend unangenehm. Irgendwann »kippt« die Stimmung und die Katze wehrt sich.

Liebesgaben

Wenn Ihnen Ihr süßes Kätzchen eine blutig zerkaute Maus oder einen halb gerupften Vogel vor die Tür, vor die Füße oder gar vors Bett legt, löst es damit wohl selten Begeisterung bei Ihnen aus. Dabei könnte Ihnen Ihre Katze kein größeres Geschenk machen. Gewöhnlich teilen Katzen ihre Beute nicht mit anderen, lediglich die Mutterkatze bringt das Futter ihren Jungen nach Hause. Wie mehrfach erwähnt, besteht in gewissem Sinn ein Mutter-Kind-Verhältnis zwischen Ihnen und Ihrer erwachsenen Hauskatze. In der Regel spielt die Katze zwar die Rolle des Kindchens, um aber ihre Verbundenheit zu zeigen, dreht sie den Spieß auch mal um.

Die häufigsten Missverständnisse auf einen Blick

»Verhaltensstörungen« und was dahintersteckt

Unsauberkeit	Verunsicherung oder Protest gegen Veränderungen im Zuhause, familiäre Veränderungen, Eifersucht, Vereinsamung, Umzug; Katzentoilette verschmutzt, am falschen Ort, falsche Einstreu; körperliche Erkrankung (z. B. Blasenentzündung)
Zerstören von Gegenständen	Langeweile (zu lange allein, zu wenig Spiel mit Menschen oder anderen Katzen)
Attacken gegen Menschen	unausgelebter Jagd- und Kampftrieb; früheres Schreckerlebnis im Beisein des betreffenden Menschen, den die Katze irrtümlich dafür verantwortlich macht
Zerkratzen von Tapeten oder Polstern	normales Markierungsverhalten, mangels geeignetem Kratzbaum oder -brett an missliebigen Stellen ausgeführt
Futterverweigerung	Verunsicherung durch Verlust von Familienmitgliedern (Bezugsperson oder Mitkatze), Unterdrückung durch neue Katze in der Familie, Protest gegen neue Futtermarke; erstes Anzeichen für eine Erkrankung, Schmerzen (z. B. Zahnfleischentzündung)
plötzliches Missachten der »Hausordnung«	kürzlich gemachte Ausnahme von einer festgelegten Regel, die von der Katze als Aufhebung des Verbots aufgefasst wurde
Heimbringen toter Mäuse	»Geschenk« an die Bezugsperson als Zeichen der Verbundenheit
»grausames« Spielen mit noch lebenden Beutetieren	Überreaktion aufgrund eines aufgestauten und beim (zufällig diesmal raschen) Beutefang noch nicht abreagierten Jagdtriebs
plötzliches Beißen oder Schlagen nach der streichelnden Hand	temperamentvoller Ausdruck dafür, dass es mit dem Gestreicheltwerden jetzt reicht
kein oder nur ungenügendes Putzen des Fells	körperliche Beschwerden, Krankheit (Katze dem Tierarzt vorstellen!); starkes Übergewicht, sodass die Katze nicht mehr alle Körperstellen erreicht (auf Diät setzen, mehr Bewegung!)
Umgraben von Gartenbeeten	kein eigenes Katzenklo im Haus oder Katzenklo verschmutzt
»verrücktes« Verhalten, Schreien, Hinaus-Wollen	bei einer geschlechtsreifen Kätzin ganz klar: Rolligkeit

Sie bringt Ihnen dann das Futter. Wie enttäuschend muss es für Mieze daher sein, wenn Sie ihre Liebesgabe verschmähen oder sie dafür gar ausschimpfen. Zeigen Sie also Taktgefühl! Loben und streicheln Sie die Katze ausgiebig, lenken Sie sie ab und lassen Sie das wohlgemeinte Geschenk unauffällig im Mülleimer oder in der Abfalltonne verschwinden.

Wenn eine Katze Deckung sucht, hat sie oft ein »schlechtes Gewissen«.

Verhaltensstörungen oder Notrufe?

Gelegentlich kommt es vor, dass Mieze nach jahrelangem harmonischen Zusammenleben plötzlich Unarten entwickelt, die für die menschlichen Partner nicht tragbar sind. Gewöhnlich handelt es sich bei solchen Verhaltensstörungen um ein SOS der Katzenseele.

Unsauberkeit. Verrichtet Pussy ihr Geschäft auf Teppich, Bett oder Sofa, so weist das meistens darauf hin, dass ihr die Benutzung ihrer Toilette aus irgendeinem Grund verleidet wurde. Sei es, diese ist nicht sauber genug, sei es, sie wird von einer weiteren Katze mitbenutzt, sei es, Sie haben die Art der Einstreu gewechselt und Pussy ist mit der neuen nicht einverstanden, sei es, die Toilette steht am falschen Platz, ist zu klein oder trägt neuerdings eine Haube. Wenn ihr Klo (wieder) in einem für sie akzeptablen Zustand ist, wird sie es auch (wieder) benutzen.

Harnmarkieren. Wird der Urin nur an ganz bestimmten Stellen in der Wohnung abgesetzt, sei es als Pfütze, sei es mit erhobenem Schwanz gesprüht, liegt die Ursache meist darin, dass die Katze sich in ihrem Heim unsicher fühlt. Durch die Platzierung ihrer stärksten Duftmarken macht sie nicht nur ihren Besitzanspruch deutlich, sie vermittelt sich selbst auch ein Gefühl der Sicherheit. Das funktioniert nach dem Motto: »Wo es so deutlich nach mir riecht, bin ich ungefährdeter Revierinhaber.« Überlegen Sie, ob sich für Ihre Katze etwas Gravierendes verändert hat, das sie zutiefst verunsichert. Ein neues Familienmitglied, ein

TIPP

Keine Langeweile durch Spielzeug

- Vor allem Katzen, die nicht ins Freie dürfen, brauchen ausreichend Beschäftigung.
- Spielzeug für Katzen muss nicht teuer sein. Ein Papierbällchen, ein Flaschenkorken, eine leere Garnspule eignen sich bestens als »Mäuse«.
- Ein umgedrehter leerer Karton, mit ein oder zwei »Fenstern«, gibt ein tolles Versteck ab.
- Ein Papier-, Woll- oder Federpuschel, an einer Schnur knapp über dem Boden aufgehängt, dient als Beute.

Baby etwa? Oder eine neue Katze im Haushalt? Haben Sie das Wohnzimmer neu möbliert oder sind sie gar umgezogen? Wenn Sie die Umstände auch nicht ändern können, so sollten Sie Ihrer Katze auf jeden Fall vermehrte Aufmerksamkeit schenken und ihr dadurch helfen, mit der neuen Situation klarzukommen.

Ob die Maus die zurückgelegten Ohren der Katze auch tatsächlich richtig interpretiert?

Wie Hund und Katz'

Kater Konstantin starrt misstrauisch auf den kleinen Dackel. Was erlaubt sich dieser Typ, so mir nichts, dir nichts in sein Zuhause einzudringen! Soll er, Konstantin, nun sein Revier verteidigen oder sich lieber aus dem Staub machen? Unschlüssig peitscht sein Schwanz hin und her. Dackel Basti ist gutmütig und stets zu einem Spielchen aufgelegt. Als er den möglichen Spielpartner entdeckt, der ihn freundlich wedelnd begrüßt, läuft er begeistert auf ihn zu, nicht ohne seinerseits zu wedeln. Er hebt zur Spielaufforderung eine Pfote, der Kater tut zu seinem Entzücken dasselbe. Zack – da fahren ihm scharfe Krallen quer über die Nase und ein fauchender Derwisch rast an ihm vorbei auf den Schrank hinauf. Nicht nur zwischen Katze und Mensch, auch zwischen verschiedenen Tieren kann es zu Missverständnissen kommen. In der Hundesprache haben das Hin- und Herschlagen des Schwanzes ebenso wie eine erhobene Vorderpfote leider eine gänzlich andere Bedeutung als in der Katzensprache. Glücklicherweise sind beide Tierarten sehr lernfähig und so können sie sich durchaus aneinander gewöhnen.

Fragen rund um den Umgang mit Katzen

? Mimi will einfach nicht kapieren, dass mein Mann und ich sonntags ausschlafen möchten. Sie traktiert uns mit Kratzen an der Tür und lautem Miauen, bis wir entnervt aufstehen. Wie können wir ihr das abgewöhnen?
Katzen sind ausgesprochene Gewohnheitstiere. Mit Ausnahmesituationen kommen sie nur schwer klar. Schließlich können sie ja nicht wissen, dass es sich nur um eine Ausnahme handelt und später wieder alles beim Alten sein wird. Sie wissen nur, dass sich etwas geändert hat.

So ist es für unsere Samtpfoten höchst unerfreulich, dass am Wochenende der Wecker im Schlafzimmer nicht um sechs Uhr läutet, folglich das Katzenfrühstück auch nicht um halb sieben Uhr auf dem Tablett steht. Was schlaftrunkene Zweibeiner ihrer Mieze oft als pure Tyrannei auslegen, ist in Wirklichkeit nur eine logische Reaktion auf kätzische Denkart. Wenn Sie einen solchen vierbeinigen Wecker zu Hause haben, heißt es, Nerven bewahren. Geben Sie dem morgendlichen Radau nach, verschaffen Sie Ihrer Katze ein Erfolgserlebnis, das sie sich sicher merken wird. Besser, Sie stellen sich schlafend, bis Mieze aufgibt. Mit der Zeit wird sie ihre innere Uhr darauf einstellen, dass es nach fünf normalen Tagen jeweils zwei Später-Frühstück-Tage gibt.

? Meine Katze Corry lebt ausschließlich in der Wohnung. Manchmal wird sie so übermütig, dass sie mir in die Fußknöchel beißt. Was kann ich dagegen tun?
Hinter diesem aggressiven Verhalten steckt oft einfach ein unausgelebter Jagdtrieb. Schließlich sind und bleiben unsere Stubentiger Raubtiere. Wenn es in ihrem Alltag, zumal bei reinen Wohnungskatzen, zu wenig »action« gibt, stauen sich Bewegungsdrang, Jagd- und Kampftrieb auf und brechen letztendlich an unpassender Stelle durch. Menschenknöchel müssen

Mehrmals am Tag eine ausführliche Katzenwäsche – so viel Zeit muss sein.

dann als Ersatzobjekt herhalten. Die Abhilfe besteht in mehr Abwechslung im Katzenalltag. Spielen Sie ausgiebig mit Ihrer Katze, am besten Fang- und Geschicklichkeitsspiele. Vor allem bei Berufstätigen kann eine zweite Katze als Spielkamerad die Lösung sein.

? Pussy benutzt lieber den Sesselbezug als ihren Kratzbaum zum Krallenwetzen. Wieso verschmäht sie den Kratzbaum?
Das kann mehrere Ursachen haben. Vielleicht wackelt der Kratzbaum, wenn ihn die Katze anspringt, vielleicht hat er nicht die richtige Bespannung oder aber er steht am falschen Platz. Katzen lieben Kratzbretter oder -bäume mit Sisalbespannung. Auch ein Baumstamm mit grober Rinde und weichem Holz tut gute Dienste. Stellen Sie den Kratzbaum am besten so auf, dass die Katze gleich nach dem Aufwachen an ihm vorbeikommt. Kratzbretter so an der Wand befestigen, dass die Katze sich beim Krallenwetzen recken muss. Den Kratzbaum etwa mit einem Catnip (Katzenminze-) Säckchen interessant machen.

? Bei jeder Mahlzeit bettelte uns unsere Katze Minka um Futter an. Um unsere Ruhe zu haben, gaben wir ihr immer ein paar Happen. Doch jetzt ist Minka so fett geworden, dass wir ihr das Betteln abgewöhnen möchten. Aber wie?
Minka das Futterbetteln abzugewöhnen wird nicht einfach sein und ebenfalls ihre Nerven stark beanspruchen. Am besten, Sie ignorieren die Maunzerei vollständig, auch wenn Ihre Katze zunächst mit besonders hartnäckigem und lautem Betteln reagiert. Bleiben Sie hart! Irgendwann gibt sogar eine Katze auf.

? Unser Kater Tiger ist ganz plötzlich unsauber geworden, obwohl sich für ihn nichts in seiner Umgebung verändert hat. Auch die Katzentoilette ist immer sauber. Wie ist sein Verhalten zu erklären?
Möglicherweise ist Ihr Kater krank. Eine der häufigsten Ursachen von plötzlicher Unsauberkeit ist im Krankheitsfall eine Blasenentzündung. Stellen Sie das Tier so schnell wie möglich einem Tierarzt vor. Er kann Ihrem Kater wirksam helfen.

MEINE TIPPS FÜR SIE

Helga Hofmann

Sauberkeits-Probleme

- Wenn eine Katze plötzlich die Benützung ihrer Toilette verweigert, kann es daran liegen, dass das Tier an dem Ort eine schlechte Erfahrung gemacht hat (Gefangenwerden, Erschrecken) und ihn deshalb nun meidet.
- Die Katzentoilette kann zu verschmutzt sein, die falsche Einstreu enthalten oder von einer anderen Katze benutzt worden sein.
- Womöglich haben Sie beim Reinigen der Katzentoilette ein Putzmittel benützt, dessen Geruch Ihre Samtpfote besonders abscheulich findet.
- In einem Zimmer abgesetzter Urin oder Kot kann die notgedrungene Folge einer verschlossenen Tür sein.
- »Demonstrative« Unsauberkeit ist eine katzentypische Protestreaktion. Den jeweiligen Anlass dafür herauszufinden erfordert bisweilen die reinste Detektivarbeit.

Adressen

Verbände/Vereine

➤ Fédération Internationale Féline (FIFe), 17 Rue du Verger, L-2665 Luxembourg, www.fifeweb.org (engl.)

➤ 1. Deutscher Edelkatzenzüchterverband e.V. (1. DEKZV e.V.), Berliner Str. 13, D-35614 Asslar, www.dekzv.de

➤ Deutsche Rassekatzen-Union e. V. (D.R.U.), Geschäftsstelle: Hauptstr. 56, D-56814 Landkern, www.dru.de

➤ Österreichischer Verband für die Zucht und Haltung von Edelkatzen (ÖVEK), Liechtensteinstr. 126, A-1090 Wien, www.oevek.org

➤ Fédération Féline Helvétique (FFH), Alfred Wittich, Büntacher 22, CH-5626 Hermetschwil, www.ffh.ch

Anschriften von Katzenclubs und -vereinen können Sie bei den vorgenannten Verbänden erfragen.

➤ Gesellschaft für ganzheitliche Tiermedizin e. V. (GGTM), www.ggtm.de, E-Mail: info@ggtm.de

Hier erhalten Sie Adressen von Tierarztpraxen, die mit Naturheilverfahren arbeiten.

AN UNSERE LESER

➤ Schutzimpfungen und Entwurmungen sind notwendig, um die Gesundheit von Mensch und Tier nicht zu gefährden.

➤ Da einige Krankheiten und Parasiten auf den Menschen übertragbar sind, im Zweifelsfall zum Tierarzt gehen. Das gilt besonders, wenn Sie von einem Tier gebissen wurden.

➤ Menschen mit Katzenhaar-Allergie sollten vor Anschaffung einer Katze ihren Arzt fragen.

Katzen im Internet

Viel Wissenswertes rund um Katzen bieten:

➤ www.miau.de

➤ www.schmusekatzen.de

➤ www.miaunz.de

➤ www.katzen-info.de

➤ www.katzencity.de

➤ www.netz-katzen.de

➤ www.katze-und-du.de

Fragen zur Haltung beantworten

Ihr Zoofachhändler und der Zentralverband Zoologischer Fachbetriebe Deutschlands e. V., Tel. 06 11/44 75 73 32, (nur telefonische Auskunft möglich: Mo 12–16, Do 8–12 Uhr), www.zzf.de

Registrierung von Katzen

➤ TASSO-Haustierzentralregister e. V., Frankfurter Straße 20, D-65795 Hattersheim, Tel. 0 61 90/93 73 00, www.tasso.net

➤ Internationale Zentrale Tierregistrierung (IFTA), Weiherstraße 8, D-88145 Maria Thann, Tel. 0 08 00/ 43 82 00 00 (kostenlos), www.tierregistrierung.de

Bücher

Wer sich genauer informieren will, was Verhaltensforscher über unsere Hauskatzen herausgefunden haben, sollte zum Beispiel Folgendes lesen:

➤ Leyhausen, P.: Katzen. Eine Verhaltenskunde. Parey Verlag, Berlin

➤ Morris, D.: Catwatching. Die Körpersprache der Katze. Heyne Verlag, München

Zeitschriften

➤ die edelkatze. Illustrierte Fachzeitschrift für Katzenfreunde, Verbandszeitschrift des 1. DEKZV (→ Adressen)

➤ katzen. Hrsg. D.R.U. (→ Adressen)

➤ Katzen extra. Gong Verlag, Ismaning

➤ Geliebte Katze. Gong Verlag, Ismaning

GESELLSCHAFT

Besonders Wohnungkatzen, die oft allein zu Hause sind, brauchen einen **Artgenossen**. Am besten vertragen sich Wurfgeschwister. Auch erwachsene Katzen und Jungtiere lassen sich **aneinander gewöhnen**. Einem Katzen-Senior sollten Sie jedoch keinen kleinen »Wirbelwind« mehr zumuten.

Wohlfühl-Garantie für Katzen

GEHIRNJOGGING

Halten Sie Ihre Katze nicht nur durch Jagd- und Fang-Spiele körperlich fit, sondern stellen Sie sie auch immer wieder vor **Lernaufgaben**. Stecken Sie zum Beispiel Leckerli in verschiedene Behältnisse wie etwa kleine Pappschachteln und lassen Sie Mieze herausfinden, wie sie an die **begehrten Bissen** herankommt.

ERSATZANGEBOT

Bildet sich Ihre Katze hartnäckig ein Kuschelstündchen mit Ihnen ein und Sie haben partout keine Zeit dafür, lässt sich Mieze nicht selten mit einem **Ersatzobjekt** zufriedenstellen: Ein getragener Pullover, auf das Sofa gelegt, **duftet** für die Katze so **vertraut**, dass sie sich meist zufrieden darauf einrollt.

SCHMUSEN

Miteinander schmusen und spielen fördert die **Bindung** zwischen Mensch und Katze. Unte dem Kinn mögen Katzen **sanfte Berühru gen** besonders gern. Auch die empfindlichen Pfotenballen dürfen leicht mit zwei Fingern geknetet werden. Das **Massieren** der Ohre regt die Funktionen aller Körpersysteme an.

RÜCKZUGSMÖGLICHKEIT

Ein wichtiger **Wohlfühlfaktor** für Katzen sind ruhige Plätzchen zum Entspannen und Verstecken. Besonders beliebt sind erhöhte Plätze, denn Katzen haben gerne einen **guten Überblick**. Platzieren Sie also die Plüschhöhle oder das Katzenkörbchen mindestens einen Meter über dem Boden.

BESCHÄFTIGUNG

Besonders Wohnungskatzen brauchen intensive **Anregungen** für Geist und Körper. Ein Kletterbaum lädt zum Turnen ein. Offene Türen machen die täglichen Rundgänge interessanter. **Jagd- und Fangspiele** mit »ihrem« Menschen halten fit und bauen aufgestauten Aggressionen vor.

10 Erfolgstipps

ANSTARREN

Auch wenn es noch so reizvoll ist, einer Katze tief in ihre schönen Augen zu blicken – tun Sie es lieber nicht. **Anstarren** gilt unter Katzen als Drohgeste. Ist die Katze ohnehin verunsichert, können Sie ihr helfen, ihr **Selbstbewusstsein** zurückzugewinnen, indem Sie kurz die Augen schließen oder an ihr vorbeischauen.

RUHESTUNDEN

Katzen verschlafen einen Teil des Tages und wollen bei ihrem Nickerchen nicht gestört werden. Respektieren Sie das **Ruhebedürfnis** Ihres Stubentigers. Eine aus den schönsten Träumen gerissene Katze reagiert meist **unwirsch**. Später ist sie dann wieder unternehmungslustig.

ALLTAGSROUTINE

So willkommen Abwechslung im Alltag einer Katze ist, so sehr sind ihr **Veränderungen** in Wohnumgebung, Familienzusammensetzung oder Tagesablauf ein Gräuel. Halten Sie daher **feste Futterzeiten** ein und pflegen Sie persönliche Rituale. Sie geben damit Ihrer Katze ein Gefühl der Sicherheit.

KATZENSICHT

Versuchen Sie sich in Ihre Katze hineinzuversetzen und die Welt mit deren Augen zu sehen. Das fällt umso leichter, je mehr Sie über die natürlichen **Verhaltensweisen** von Katzen wissen. Wer seiner Katze gerecht werden will, muss ihr arteigenes Wesen **verstehen** und akzeptieren.

Katzen Spiele

pfiffig, spaßig, spannend

Katzen-Spiele

Warum Spielen für Katzen wichtig ist

Isabella lebt in einer Stadtwohnung. Sie darf klettern und Fellmäuschen fangen und mit ihren Menschen spielen.

TIPP

➤ Wer Jagdtrieb und Bewegungsdrang nicht draußen ausleben darf, braucht Ersatz. Das richtige Spielzeug, spannende Spiele mit Mensch oder Artgenossen und eine Wohnung nach Katzengeschmack halten Ihre Katze fit und lassen Langeweile gar nicht erst aufkommen.

Training fürs Leben

Spielen ist für Katzenkinder Training pur. Unter Mamas Anleitung und Aufsicht lernen und üben sie im Spiel alles, was für ihr späteres Leben wichtig ist: Geschicklichkeit, Ausdauer, Kraft, Bewegungsabläufe und den Umgang mit Artgenossen.
Bereits mit drei Wochen entdecken die Kleinen ihre Geschwister als Trainingspartner. Bruder oder Schwester werden mit der Pfote angestupst und zum Mitmachen aufgefordert. Schon bald entwickeln sich die ersten kleinen Balgereien.
Zwar sind körperliche Fähigkeiten und das Geschick der Kleinen noch längst nicht ausgereift, doch Übung macht den Meister.
Mit vier Wochen werden die Spiele koordinierter. Man wälzt sich mit den Geschwistern auf dem Boden, liefert sich wilde Verfolgungsjagden und kleine Scheingefechte, überfällt Bruder oder Schwester von hinten und testet aus, wer der Stärkere ist. Auch das Spielen

mit Gegenständen wird jetzt immer interessanter. Die Kleinen untersuchen Spielzeug mit dem Mäulchen, machen den Bisstest, schleudern es hoch und versuchen, es zu fangen. Mit etwa sieben Wochen bringt die Katzenmutter Beute herbei und lehrt ihre Jungen den Umgang damit.

Fang das Mäuschen

Ab etwa der siebten Lebenswoche trainieren kleine Katzen den Ernstfall: erfolgreich Beute machen. Körperlich sind sie jetzt bereits sehr geschickt. Rennen, Springen, Klettern, Anschleichen, Lauern oder Balancieren haben bewundernswerte Fortschritte gemacht. Das Beutefangen darf, dank Mama, ausgiebig trainiert werden. Zunächst an Mutters zuckender Schwanzspitze, dann bringt Mama Beutetiere herbei. Dabei schleudert sie die Beute mit der Pfote hoch in die Luft, stürzt sich beim Herunterfallen mit einem gezielten Sprung darauf und hält sie sicher zwischen den Pfoten fest. Die Kleinen beobachten Mama ganz genau und sind bald in der Lage, es ihr gleichzutun.

Jagen und Beutefang stehen im Mittelpunkt eines Katzenlebens. Besonders Wohnungskatzen brauchen unbedingt einen Ausgleich für fehlende Jagdmöglichkeiten. **In der Wohnung:** Zum Austoben eignen sich prima Spiele mit Lichtpunkten (→ Seite 153). Doch Vorsicht, Katzen wollen Erfolgserlebnisse, sonst verlieren sie die Lust am Spiel. Lichtpunkte lassen sich leider nicht fangen, und das kann der Katze das Spiel verleiden. Alles was rollt, wird mit Vorliebe »erbeutet«, ebenso wie Spielzeug, das sich vor der Katzennase hin und

INFO

Ich will spielen

Eben noch ist die Katze vor Ihnen hergelaufen, plötzlich duckt sie sich, dreht sich zur Seite und schaut Sie eindringlich an: Jetzt ist Spielen angesagt. Dass sie in Spielstimmung ist, kann eine Katze auch allein durch Miauen ausdrücken. Manche Katzen werden besonders deutlich: Sie legen ihrem Menschen kurzerhand das Spielzeug vor die Füße, und das heißt übersetzt: »So, und nun will ich sofort mit dir spielen!«

her bewegt (→ Seite 152). Auch das ausgelassene Spiel zusammen mit dem geliebten Menschen (→ ab Seite 152) und mit Artgenossen (→ Seite 163) sorgt für Ausgleich und Wohlbefinden.

Wie Katzen jagen

Katzen wenden beim Beutefang verschiedene Methoden an. Machen Sie sich mit ihnen vertraut und bieten Sie Ihren kleinen Haustigern Trainingseinheiten in der Wohnung.

➤ **Das Maus-Anschleichen:** »Sehen, aber nicht gesehen werden …«, heißt zunächst die Devise. Aus sicherem Versteck beobachtet und lauert die Katze, schleicht dann geräuschlos auf die Maus zu und springt sie schließlich an, um sie festzuhalten und später zu töten.

In der Wohnung: Welche Spiele simulieren dieses Jagdverhalten wohl am besten? Lassen Sie zum Beispiel einen Korken unter einer Decke »krabbeln«. Sofort ist die Aufmerksamkeit geweckt, das Jagdfieber angefacht.

➤ **Das Vogel-Abschlagen:** Vögel sind nicht so leicht zu erbeuten. Die Jagd endet oft mit einem akrobatischen Hochsprung und einem Tatzenhieb, um das Objekt der Begierde auf den Boden zu holen.

In der Wohnung: Es gibt Spielzeug mit Bällchen oder Federn an Gummischnüren, das man in den Türrahmen klemmen kann. Sie ersetzen das Vögelchen. Auch »Katzen-Squash« kommt hier gut an (→ Seite 155).

➤ **Das Angeln:** Haben Sie schon einmal eine Katze beim Fischen beobachtet? Sie lauert gespannt am Uferrand. Sobald ein Fisch an die Wasseroberfläche schwimmt, wird er mit einem gezielten Pfotenhieb nach hinten über »die Schulter« geworfen. Die Katze dreht sich blitzschnell um, packt den Fisch und bringt ihn rasch vom Wasser weg.

Katerchen Felix ist mit seinen acht Wochen bereits ein exzellenter Springer. Geschickt setzt der kleine Überflieger seinen Schwanz als Steuerruder ein.

In der Wohnung: Schaffen Sie ein kleines Anglerparadies für Ihre Katze. Es muss ja nicht gleich ein Teich sein. Wie wär's mit einem wassergefüllten Goldfischglas, natürlich ohne Goldfische, doch mit schwimmfähigem Spielzeug zum Herausangeln (Seite 156). Wetten, dass dies genauso viel Spaß macht wie echte Fische fangen? Auch von Zimmerbrunnen sind Katzen äußerst fasziniert (→ Seite 170).

Minka springt mit einem eleganten Satz über den kleinen Bach. Die Natur bietet einer Katze viel Abwechslung. Hier sind Körper und Sinne im Dauertraining. Doch Wohnungstiger müssen nicht im Nachteil sein ...

Bewegung hält fit

Beneidenswerter Katzenkörper: Mit eleganten, geschmeidigen Bewegungen springt Samtpfote mit einem weiten Satz über den kleinen Bach, klettert geschickt den Baum hinauf oder balanciert über eine schmale Mauer. Und das mehrmals am Tag bei der Inspektion ihres Reviers. Das sorgt für Kondition und hält Figur.

In der Wohnung: Welchen Ersatz für die Natur können wir der Katze bieten? Da ist zunächst einmal die Wohnung selbst. Sie kann zum Abenteuerspielplatz werden – vielleicht sogar auch der Balkon (→ ab Seite 166). Dann sind Sie selbst gefragt: Eine kleine Verfolgungsjagd gefällig? Aber auch Kunststückchen, wie etwa von Stuhl zu Stuhl springen oder »Männchen machen« sorgen für Kondition und gute Laune (→ ab Seite 158). Last but not least kann auch ein Artgenosse Fitnesspartner sein (→ Seite 163).

Die Sinne schärfen

Katzen können hervorragend hören, sehen und tasten, aber auch gut riechen. Außerdem besitzen sie einen ausgeprägten Gleichgewichtssinn. Die Natur bietet alles, um diese Sinne zu trainieren und auf einem Höchstmaß an Leistungsfähigkeit zu halten.

In der Wohnung: Wohnungskatzen müssen nicht zwangsweise auf etwas verzichten – vorausgesetzt, Sie bieten Ihrem Stubentiger viele verschiedene Sinnesanreize. Duftspielzeug zum Beispiel (→ Seite 150) oder etwas, das raschelt. Eine Kiste

mit Heu birgt interessante Gerüche, ein Karton mit Löchern fördert den Tastsinn. Ein dickes Seil testet den Gleichgewichtssinn.

Intelligenz fördern

Dass Katzen intelligent sind, daran besteht wohl kaum Zweifel. Sie lernen durch Beobachten und sind selbst sehr erfinderisch, wenn es darum geht, etwas zu erreichen. Viele Katzen können im Handumdrehen eine verschlossene Tür öffnen, indem sie auf die Klinke springen, oder sich Leckerbissen aus einer Dose organisieren. Nicht zu vergessen die differenzierte Katzensprache. Sie kennen inzwischen sicher die verschiedenen Miau-Variationen Ihres Lieblings. Und dass Katzen sogar bis vier zählen können, haben der Verhaltensforscher Immanuel Birmelin und sein Team durch Versuche herausgefunden. Um geistig fit zu bleiben, brauchen deshalb vor allem Wohnungskatzen genügend Anregung.

In der Wohnung: Bieten Sie Ihrer Katze häufig neues, unbekanntes Spielzeug (→ Seite 139). Machen Sie kleine Intelligenztests mit Ihrem Wohnungstiger. Deponieren Sie Leckerbissen so, dass Ihre Katze nur mit ein wenig Erfindungsgabe an den begehrten Happen herankommt (→ ab Seite 156).

Spiel mit der Beute. Katzen sind leidenschaftliche Jäger.

TIPP

Spielpause

- Im Eifer des Spiels überschätzen kleine Katzen oft ihre Kräfte. Bei Volldampfspielen also rechtzeitig bremsen oder das Spiel abbrechen. Alte Katzen nicht überfordern. Schwache und kranke Tiere brauchen Ruhe, zum Beispiel nach einer Operation.

Spielen in jedem Alter?

Kätzchen lernen durch Spielen, aber auch erwachsene Katzen halten sich damit in Form. Hauskatzen spielen in der Regel länger als ihre wilden Artgenossen. Sie haben bis ins hohe Alter Spaß am Spiel. Die Erklärung ist einfach: Katzen bleiben Kinder, wenn sie mit Menschen zusammenleben. Für eine Katze ist ihr Mensch die Oberkatze, also Mama. Entsprechend kindliche Verhaltensweisen legt sie an den Tag. Und gibt es etwas Schöneres, als mit »Mama« zu spielen und zu schmusen? Das gemeinsame Spielen festigt und fördert die Bindung zum Partner Mensch. Besonders für Wohnungskatzen ist Spiel und Beschäftigung aber auch aus anderen Gründen wichtig. Nur so können Jagdleidenschaft und Beutefangverhalten – also angestaute Energie – in die richtigen Bahnen gelenkt werden. Der Tagesablauf draußen ist für Katzen abwechslungsreich. Revierkontrollgänge, Schlafen, Jagen und Gejagdwerden wechseln sich miteinander ab. Reine Wohnungskatzen schaffen sich oft selbst Ersatz, um ihre überschüssige Energie loszuwerden. Eine Freundin erzählte mir von ihren beiden Persern, die manchmal wie von der Tarantel gestochen ins Zimmer schießen, wild im Kreis rennen, hoch an die Wand springen und genauso urplötzlich wieder das Zimmer verlassen, um sich seelenruhig ihrer ausgiebigen Fellpflege hinzugeben. Not macht in diesem Fall erfinderisch: »Kann ich nicht raus, muss ich mich eben mal kurz in der Wohnung austoben.« Weiterhin brauchen Wohnungskatzen Anreize, um körperliche Fähigkeiten zu trainieren, Sinne zu schärfen und intelligent zu bleiben. Eine Wohnungskatze muss etwa drei- bis viermal so viel spielen wie eine Katze, die Freilauf hat. Sie sollten täglich etwa eine Stunde mit Mieze spielen – aufgeteilt in 15- bis 20-Minuten-Einheiten.

Spielpartner Artgenosse

Katzen sind individuelle Persönlichkeiten, die als Einzelgänger und als eigenbrötlerisch verschrieen sind. Das kann man jedoch so nicht stehen lassen. Im Gegenteil – eine Katze, die sich einmal an ihre Menschen, eine andere Katze oder sogar an ein anderes Tier gewöhnt hat, geht nicht selten eine enge Beziehung zu diesen Lebenspartnern ein. Wohnungskatzen schätzen Artgenossen, kommt doch Langeweile so erst gar nicht auf.

Problemlos kommen in der Regel Wurfgeschwister miteinander aus sowie Tiere, die sich bereits kennen. Schwieriger wird es manchmal, zwei fremde erwachsene Katzen aneinander zu gewöhnen, wenn sie im Wesen und Temperament nicht miteinander harmonieren. Es gibt auch Einzelgänger, die keinen Artgenossen in ihrer Nähe dulden.

Wie viel mehr Spaß machen wilde Verfolgungsjagden über Sessel und Tische, gemeinsame Ballspiele zum Beispiel mit einem Tischtennisball oder freundschaftliche Balgereien. Keine Angst, Sie werden jetzt nicht plötzlich Nummer zwei für Ihre Stubentiger. Sie bleiben Oberkatze – und damit Nummer eins. Sie werden nicht zum Dosenöffner degradiert. Spielen, Schmusen, Streicheln mit und von ihrer geliebten Oberkatze ist das Erstrebenswerteste für jede Katze. Und eifersüchtig wird darauf geachtet, dass der Artgenosse am Ende nicht etwa besser abschneidet.

Spielregeln – Genuss ohne Reue

Wie oft spielen?	Nehmen Sie sich etwa drei- bis viermal am Tag mindestens 15 bis 20 Minuten Zeit für intensives Spielen mit Ihrem kleinen Tiger.
Wann spielen?	Führen Sie feste Spielzeiten ein, niemals jedoch unmittelbar nach dem Fressen. Respektieren Sie Ruhephasen und Fellpflege-Rituale Ihrer Samtpfote.
Mach mal Pause	Akzeptieren Sie, wenn Ihre Katze keine Lust mehr hat, mit Ihnen weiterzuspielen, und sich davonschleicht. Katzen lehnen jede Form von Zwang und Druck ab. Vielleicht ist das Spiel Mieze auch ganz einfach zu langweilig geworden. Hat sie gespürt, dass Sie selbst nicht mehr mit ganzer Freude und Engagement bei der Sache waren und viel lieber auf der bequemen Couch liegen möchten?
Welche Spiele?	Alles was mit Fangen, Rennen oder Geschicklichkeit zu tun hat, gefällt Katzen am besten. Dabei werden Jagdtrieb und Bewegungsdrang ausgelebt.
Wer soll gewinnen?	Gönnen Sie Mieze das Erfolgserlebnis, sonst verliert sie schnell die Lust am Spiel. Sie muss die »Beute« fangen und sich daran abreagieren können.
Hände weg!	Hände sind zum Streicheln da, nicht für wilde Kampfspiele. Im ausgelassenen Spiel wird mit ausgefahrenen Krallen »gekämpft« und auch mal herzhaft zugebissen. Treibt Mieze es gar zu arg, entziehen Sie Ihr die Spielhand und lenken Sie das Spiel auf einen anderen Gegenstand. Auch leichtes Anblasen der Katze hilft oft.
Welches Spielzeug?	Spielzeug in Mausgröße, das leicht zu transportieren ist und in die Luft gescheudert werden kann, ist ideal. Bällchen, Fellmaus, Federbüschel, Korken oder zusammengeknülltes Papier sorgen für ungetrübte Jagdfreude.
Wie viel Spielzeug?	Nicht zu viel auf einmal anbieten. Spielzeug immer mal wieder tauschen, damit es interessant bleibt. »Altes« Spielzeug über Nacht in ein geschlossenes Gefäß mit getrocknetem Baldriankraut legen. Der Duft macht auch »Altes« unwiderstehlich.
Faule animieren?	Keine Lust zum Spielen? Von wegen. Wenn ein Federbüschel oder eine Fellmaus an der Katzenangel zuckt und Sie aufmunternd sprechen, wird auch der müdeste Sofatiger munter.

Neugierig

Alle Katzen sind neugierig, doch dieser Typ ist es ganz besonders. Er erforscht alles und jeden und gibt sich erst nach ausgiebiger Inspektion zufrieden.

☐ **Untersucht Ihre Katze alle neuen Gegenstände im Haus genau?**

☐ **Würde sie einen Weg finden, wenn sie irgendwo eingesperrt wäre?**

☐ **Hat sie selbst einen Weg gefunden, z. B. den Kühlschrank zu öffnen?**

☐ **Probiert sie, die Leckerli-Dose zu öffnen?**

Gesellig

Sie bevorzugt das Spiel mit einem Partner. Am liebsten Oberkatze Mensch, aber auch Artgenossen oder andere Tiere sind für ein Spielchen willkommen.

☐ **Bringt Mieze Ihnen Spielzeug, damit Sie mit ihr spielen?**

☐ **Legt sie sich gern genau dorthin, wo Sie gerade arbeiten?**

☐ **Liefert sie sich mit Artgenossen Verfolgungsjagden?**

☐ **»Spricht« sie gern mit anderen Tieren?**

Kreativ

Erfindungsreich ist dieser kleine Tiger allemal. Er kommt auf die verrücktesten Ideen, um sich und andere zu unterhalten. Langeweile gibt es bei ihm nie.

☐ **Kann sich Ihr kleiner Tiger gut allein beschäftigen?**

☐ **Reicht ihm z. B. schon ein Blatt Papier, um ein Spiel zu erfinden?**

☐ **Klaut er öfters Gegenstände, um damit zu spielen?**

☐ **Klettert er auch mal den Vorhang hoch?**

Kreuzen Sie an, welche Aussagen auf Ihre Katze zutreffen. Ist Ihr Liebling ein kleiner neugieriger Forscher ...

Akrobatisch

Sie ist schon fast olympiareif. Kein Sprung ist ihr zu hoch, ihre Knochen scheinen aus Gummi zu sein. Sportliche Spiele sind ihr Ding. Da gibt es kein Halten.

- ☐ **Jagt sie am liebsten hinter dem Mäuschen an der Katzenangel her?**
- ☐ **Rennt sie sofort hinter dem Bällchen her, das Sie ihr werfen?**
- ☐ **Springt sie vom höchsten Schrank?**
- ☐ **Versucht sie manchmal, an der Wand hochzulaufen?**

Zurückhaltend

Alles Neue ist ihr zuwider. Sie ist die Meisterin des Versteckspiels. Ob im Plüschtunnel oder der Schublade des Wäscheschranks: »Such mich doch!«

- ☐ **Reagiert Ihre Katze sehr vorsichtig auf neues Spielzeug?**
- ☐ **Kann man ihr mit einer kuscheligen Decke große Freude machen?**
- ☐ **Verschwindet sie, wenn Besuch kommt?**
- ☐ **Lässt sie sich nur mit Leckerli aus ihrem Versteck locken?**

Kämpferisch

Raufen und Beute machen sind ihre Lieblingsspiele. Alles andere interessiert sie wenig. Für Tüftler- und Denkerspiele hat sie ganz und gar keinen Sinn.

- ☐ **Attackiert Ihr Liebling gern Ihre Zehen oder Knöchel?**
- ☐ **Liebt er es, aus dem Hinterhalt anzugreifen?**
- ☐ **Mag er besonders Raufspiele, entweder mit Ihnen oder Artgenossen?**
- ☐ **Wird manchmal das Sofakissen wild mit den Hinterpfoten traktiert?**

... oder doch mehr ein Akrobat? Oder etwa beides?

Die besten Spielideen

Persönlichkeiten auf vier Pfoten

Katze ist nicht gleich Katze. Das weiß jeder, der eine Katze hat und sich mit anderen Katzenhaltern austauscht. So individuell die einzelnen Katzenpersönlichkeiten sind, so individuell sind auch ihre Vorlieben, Spielgewohnheiten und ihre Intelligenz. Vergnügen sich die einen begeistert mit einem einfachen Papierbällchen, finden andere dieses Spiel doof. Sie brauchen die Herausforderung, lieben Tüftelspiele, bei denen Köpfchen und Geschicklichkeit gefordert sind, oder sie bevorzugen wild verwegene Jagdspiele mit Partner Mensch oder Artgenossen. Finden Sie zusammen mit Ihrer Katze heraus, welches Spielzeug Ihren vierbeinigen Liebling am meisten interessiert und welche Spiele ihm besonderen Spaß machen. Ich habe Ihnen einen bunten Strauß von Spielideen zusammengestellt. Den Anfang machen Solospiele mit Spielzeug aus dem Zoofachhandel, Selbstgebasteltem oder Gegenständen, die es in jedem Haushalt gibt. Lustig wird's bei den Spielen mit Oberkatze Mensch. Fang-, Renn- und Lauerspiele oder gar kleine Kunststückchen einüben finden uneingeschränkten Anklang. Und dann sind da auch noch die Spiele mit Artgenossen!

TIPP

➤ Katzen, die sich langweilen, werden schnell zu Selbstunterhaltern. Gardinen hinaufklettern oder in einem Schuh über den Flur schlittern – das sind noch harmlose Unterhaltungsprogramme. Dabei ist es ganz einfach, Miezes Bewegungsdrang und ihren Jagdeifer in angenehme Bahnen zu lenken.

Für Tüftler: In der Blüte der Seerose liegt ein Leckerli. Wie kommt man bloß an es heran?

Auch solo kann's spannend sein

Mit dem richtigen Spielzeug sind die schnurrenden Vierbeiner durchaus für Solospiele zu begeistern. Viele Vertreter der Mäuse fangenden Zunft haben sich längst ihr Lieblingsspielzeug selbst erkoren. Vielleicht eine Nuss, den Flaschenkorken oder die geliebte Fellmaus? Mieze ist es gleich, ob es sich dabei um ein teures Teil aus dem Laden handelt, ob Sie selbst kreativ geworden sind und ihr etwas gebastelt haben oder ob sie im Haus allein das passende Spielzeug für sich entdeckt hat. Hauptsache, sie findet es einfallsreich. Wenn Sie Spielzeug kaufen oder basteln, denken Sie einfach daran, was Katzen alles gern tun, dann kann eigentlich nicht viel schiefgehen, um ihren Ansprüchen gerecht zu werden. Spielzeug muss leicht genug sein, damit es sich schubsen lässt oder mit einem Pfotenhieb in die Luft befördert werden kann. Man muss danach springen und vielleicht daran kratzen können. Und auch Spielzeug zum Ankuscheln steht hoch im Kurs. Übrigens ist eines klar: Wollen Sie Ihrem Liebling ein Spielzeug schmackhaft machen, genügt es nicht, ihm das Teil einfach vor die Nase

zu legen. Lassen Sie das Bällchen rollen, werfen Sie die Fellmaus oder das Papierbällchen. Sprechen Sie aufmunternd dazu, um Spannung aufzubauen. Für Katzen ist alles nur dann interessant, wenn es sich bewegt.

Eine runde Sache

Bälle sind immer noch der Hit bei den meisten Katzen. Ein Bällchen, das über den Boden rollt, weckt den angeborenen Jagdinstinkt. Im Zoofachhandel gibt es ein nahezu unüberschaubares Angebot von Bällchen aus Schaumstoff, Vollgummi, Plüsch, Stoff, Nylon, Fell, Leder, Plastik oder Sisal. Angefangen von der Einfachversion bis hin zu Bällchen, in dessen Innerem es knistert, raschelt oder klingelt, die im Dunkeln leuchten, von allein zurückrollen oder die nach berauschender Katzenminze (Catnip) duften (→ Seite 150). Sehr beliebt sind auch Kugeln mit Löchern (Snackball), in die Leckerli gefüllt werden können. Kluge Katzen wissen bald, wie sie die Kugel schieben müssen, damit die Belohnung herausfällt. Für Vergnügen und Kurzweil sorgt das allemal.

Basteltipp: Viele Katzen fahren auf Leder ab. Wie wär's mit selbst gebastelten Bällchen aus Fensterleder? Das ist ungefährlich und lässt sich leicht verarbeiten. Dazu zwei Lederlappen aufeinanderlegen. Form und Größe des Bällchens aufzeichnen und ausschneiden. Ränder fest zusammennähen, aber ein Stückchen für die Füllung offen lassen. Nun das Leder wenden, sodass die Naht innen liegt, und den Ball mit Reis, Getreide oder Stofffetzen füllen und den offenen Teil zunähen. Wer möchte, kann das Ganze noch mit einem Glöckchen oder Federn versehen. Aus einem Tischtennisball wird so ein Snackball: Einfach ein oder zwei Löcher in den Ball schneiden (z. B. mithilfe eines Teppichmessers) und ein Leckerli in den Pingpong-Ball schieben. Die Löcher müssen natürlich so groß sein, dass Samtpfote nicht verzweifelt und die Lust verliert, bis der Leckerbissen endlich herauskullert.

Aus dem Haushalt: Alles was rollt, ist interessant. Beliebt sind Wein- oder Sektkorken, Papierbällchen, Nüsse wie Erdnüsse oder Walnüsse mit Schale, leere Garnrollen, Popcorn und rohe Nudeln. Auch Murmeln finden viele Katzen klasse. Sie sollten jedoch einen Mindestdurchmesser von drei Zentimetern haben.

Was trainiert wird: Jagdverhalten, Kondition, Reaktion, Hörvermögen und Geschicklichkeit. Bei duftenden Bällen natürlich auch der Geruchssinn.

> **TIPP**
>
> ### Gefährlich
>
> Spielzeug muss so groß sein, dass es nicht verschluckt werden kann. Auf ungiftige Farben/Materialien achten! Aus Spielzeugmäusen eingesteckte Augen und Näschen entfernen. Wollknäuel wegräumen (Strangulationsgefahr!). Kein Spielzeug mit spitzen oder scharfen Kanten! Keine Plastiktüten – Erstickungsgefahr!

Es ist gar nicht so leicht, das hin und her schwingende Seil zu erklimmen.

Konditions-Test: Wie fit ist Ihre Katze?

Schon lange nicht mehr ausgiebig getobt? Das Bäuchlein ist ganz schön gewachsen? Da sollte man doch sicherheitshalber einen kleinen Fitness-Test mit der Katze machen, bevor es richtig losgeht. Besteht sie ihn ohne Weiteres, steht Volldampfspielen nichts im Weg, andernfalls Spielzeiten langsam steigern.

		Ja	Nein
1.	Meine Katze kommt freudig herbei, wenn ihre Spielzeit mit mir ansteht.	☐	☐
2.	Sie will nach einer Viertelstunde noch gern weiterspielen.	☐	☐
3.	Sie rennt jedem Bällchen, das ich werfe, hinterher.	☐	☐
4.	Die Aufforderung zum Spiel geht häufig von ihr aus.	☐	☐
5.	Sie untersucht neugierig alles, was ihr in die Quere kommt.	☐	☐
6.	Sie springt problemlos auf ihren Kletterbaum und selbst vom hohen Schrank.	☐	☐
7.	Wenn irgendetwas raschelt, ist ihr Interesse sofort geweckt.	☐	☐
8.	Wenn ich mit der Katzenangel wedle, springt sie sofort nach der »Beute«.	☐	☐
9.	Sie fängt jedes Bällchen, das ich werfe oder rolle.	☐	☐
10.	Sie klettert am liebsten auf den höchsten Schrank, weil sie von hier aus die beste Aussicht hat.	☐	☐
11.	Sie läuft mir oft durch die ganze Wohnung nach.	☐	☐
12.	Selbst beim Schmusen zeigt Mieze Schwung. Sie rollt sich herum oder stupst mich an.	☐	☐
13.	Sie hat Spaß daran, kleine Kunststücke zu lernen, wie etwa von Stuhl zu Stuhl zu springen.	☐	☐
14.	Sie bringt immer wieder Spielsachen und legt sie mir manchmal sogar vor die Füße.	☐	☐

Auflösung: 10–14-mal »Ja«: Ihr kleiner Tiger ist fit wie ein Turnschuh. 6–9-mal »Ja«: Nicht überwältigend, aber noch gut in Form. 0–6-mal »Ja«: Kondition langsam steigern.

Mäusezirkus

Wenn schon keine echte Maus, dann doch wenigstens eine Spielzeugmaus. Auch sie gibt es in allen Variationen zu kaufen. Sogar aufziehbare und ferngesteuerte sind im Programm. Besonders fasziniert die Jägerin auf Samtpfoten allerdings oft das einfache Fellmäuschen, dessen Haarkleid in der Regel vom Kaninchen stammt. Der Verschleiß ist groß, und es kann nicht schaden, ein paar Ersatzmäuse in petto zu haben.

Basteltipp: Kennen Sie die bei Kindern so beliebten Überraschungseier? Sie eignen sich wunderbar, um ein Mäuschen daraus zu basteln. Das Innere des Plastikeis mit einigen Reiskörnern füllen oder ein Glöckchen hineinlegen. Aus einem Stück Pappe eine Scheibe mit einem Durchmesser von etwa 5 cm ausschneiden. Dann die Scheibe auf einer Seite bis zur Mitte einschneiden, eine Spitze formen und mit ungiftigem Klebstoff verkleben. Sie bildet die Nase des Mäuschens und wird auf eine Seite des Überraschungseis geklebt. Jetzt Näschen und Körper der »Maus« mit Klebstoff einstreichen und alles sorgfältig mit naturfarbenen Sisalfäden umwickeln. Zum Schluss ein Stück des Fadens überstehen lassen. Und schon ist auch das Mäuse-Schwänzchen fertig.

Aus dem Haushalt: Da wird die Katze garantiert etwas zum »Mausspielen« finden – und wenn es die Eierwärmer sind.

Was trainiert wird: Jagdverhalten, Kondition, Hörvermögen, Geschicklichkeit. Bei duftenden Mäusen auch der Geruchssinn.

Es raschelt im Karton

Kartons, Kisten, Kästen, Schachteln, Tüten, Körbe – überhaupt jede Art von »Höhle« zieht kleine Tiger magisch an. Hier fühlt sich Katze sicher und geborgen und kann beobachten, ohne selbst gesehen zu werden. Auch Miezes unbändige Neugierde spielt hierbei zweifelsohne eine große Rolle.

Pappkarton: Die Idee ist alles andere als neu, doch immer noch wirkungsvoll – ein Karton mit Löchern lässt Katzenherzen höher schlagen (→ Foto, Seite 166). Also Kartons nicht gleich entsorgen, sondern ein Katzen-Traumhaus daraus bauen. Und so geht's: Einen stabilen Karton, z. B. einen Umzugskarton, umstülpen und ein Türchen und mehrere Fenster hineinschneiden – fertig ist die Villa Kunterbunt. Im Häuschen sorgt zusammengeknülltes Papier für aufregenden Raschelspaß. Vielleicht findet Kätzchen sogar einen Leckerbissen. Fellmäuschen, Bänder oder eine Schnur so an den »Fenstern« befestigen, dass die Katze danach pfoteln kann. Wem solch ein farbloser Karton überhaupt nicht in seiner Wohnung gefällt, der

Bei »Play-n'-scratch« wird die Kugel mit der Pfote gekickt, und in der Mitte des Spielzeugs darf gekratzt werden.

Für La Bomba gibt es nichts Herrlicheres, als die Fellmaus in die Luft zu schleudern und sie dann geschickt zu fangen.

»Crazy circle« heißt dieses Spielzeug. Die Kugel wird mit der Pfote angestupst, und Mieze versucht, sie zu fangen.

kann ihn auch mit ungiftigen Farben anmalen. Wie wär's beispielsweise mit Gelb – dann sieht der Karton wie ein großer Käse aus.

Abenteuerkiste: Füllen Sie eine Kiste mit getrocknetem Herbstlaub (→ Foto, Seite 144) oder mit Heu. Für Wohnungskatzen eine Duftquelle, die aufregend raschelt, wenn man darin spielt. Auch eine Kiste mit Papier wird gern durchforstet.

Körbe: Ob Einkaufskorb oder dekorative Körbchen für allerlei Krimskrams – Körbe erfreuen sich in Katzenkreisen besonderer Beliebtheit. Von dem Naturgeflecht gehen für Katzen scheinbar wunderbare Düfte aus, man kann die Krallen daran wetzen und sich auch noch supertoll darin verstecken. Fantastisch, wenn Herrchen oder Frauchen oder der Katzenpartner zufällig vorbeikommen und man sie mit einem Sprung aus dem Korb erschrecken kann.

Amphoren/Tonkrüge: Wunderbar zum Verstecken und Erforschen sind Amphoren, bevorzugt liegend, damit man sie als Tunnel nutzen kann. Tontöpfe jeder Art bieten ebenfalls Versteckmöglichkeiten und sind so schwer, dass sie nicht gleich umfallen, wenn auch mal ein etwas schwergewichtiger Vertreter hineinspringt. Natürlich ist es herrlich, wenn sich Kätzchen durch raschelndes Papier, Laub oder Stroh arbeiten muss, um vielleicht ganz hinten oder ganz unten etwas Leckeres zu finden.

Was trainiert wird: Vor allem Tastsinn und Geruchssinn.

Unter Tage

Katzen sind die geborenen Höhlenforscher (→ Seite 48). Im Spieltunnel können sie dieser Leidenschaft aufs Beste frönen. Auch hier bietet der Fachhandel wunderschöne Modelle in den verschiedensten Größen, Formen, Farben und Materialien.

Basteltipp: Ein langer Karton (z. B. die Verpackung eines Regals) wird zur tollen Spiel-

Das weckt nicht nur Mimis Lebensgeister. Ein Stock mit Federbusch, der unter und über dem Teppich bewegt wird, facht den Jagdeifer unglaublich an.

Was ist denn nur unter dem Teppich? Kann das eine Maus sein? Mimi muss gleich nachschauen und steckt den Kopf neugierig unter den Teppich.

höhle. Dazu den Karton wieder sorgfältig mit Klebeband verkleben und einige runde Löcher in die Seitenteile des Kartons schneiden. Das sind die »Höhleneingänge«. Viele Katzen lieben es, wenn der Durchgang nur so groß ist, dass sie sich gerade so hindurchquetschen können. Den Karton zur Hälfte mit raschelndem Papier füllen.
Aus dem Haushalt: Im Dunkeln munkeln Kätzchen auch gern in Einkaufstüten aus Papier, unter Decken am besten mit Geruch nach Mensch, dem Teppich, Sofakissenburgen, Zeitungsdächern oder auf den Boden herabhängende Vorhänge und Tischdecken.
Was trainiert wird: Tastsinn und Gehör.

Duftes Spielzeug

Etwa 50 Prozent der Katzenwelt fährt total auf Katzenminze (Catnip) ab. Die Pflanze enthält ein ätherisches Öl, das auf Katzen eine ähnliche Wirkung wie Marihuana auf Menschen hat. Mieze gerät in einen tranceähnlichen Zustand. Sie ist »high«. Die andere Hälfte der Katzen macht sich überhaupt nichts daraus, und das ist erblich bedingt. Junge Kätzchen bis zum 3. Monat lassen die Pfoten völlig davon, obwohl der Katzenminze-Trip keinesfalls gesundheitsschädlich ist. Probieren Sie am besten aus, zu welcher Gruppe Ihr vierbeiniger Liebling gehört. Catnip-Spielzeug wird im Fachhandel in jeder Form angeboten: Mäuschen, Säckchen, Söckchen, Bällchen – für jeden Geschmack etwas. Aber auch andere Düfte verwöhnen das Katzennäschen und rufen Glückszustände hervor, wie etwa Baldrian, Basilikum, Dill, Lavendel, Melisse und Vanille.
Basteltipp: Nähen Sie Ihrem kleinen Tiger ein Spielzeug (→ Seite 46) und füllen Sie es mit getrockneten Katzenminze-Blättern oder Baldriankraut oder beträufeln Sie es mit einigen Tropfen ätherischen Öls der genannten Kräuter. Leider lässt der Duft von getrockneten Kräutern schnell nach. Legt man das Spielzeug jedoch über Nacht in ein geschlossenes Gefäß mit dem entsprechenden Kraut, frischt der Duft wieder auf.
Socken: Apropos Glückszustand. Einen getragenen Socken von Herrchen oder

Frauchen lieben viele Katzen über alles.
Was trainiert wird: Der Geruchssinn.

Verbandelt

Schnüre, Bänder, Seile jeder Art erregen immer Miezes Aufmerksamkeit, vor allem, wenn sie von irgendwo herabbaumeln (→ Seite 171). Ganz besonders beliebt sind Spielmäuse oder Bällchen, die an einer langen Gummischnur tanzen und mithilfe von Klemmen am Türrahmen befestigt werden (etwa 60 bis 70 cm vom Boden). Hier kann sich Mieze bis zum Umfallen austoben. Besser, Sie behalten Ihren kleinen Spielteufel dabei im Auge. Es soll schon Fälle gegeben haben, wo sich Katzen so im Gummiseil verheddert haben, dass sie sich nicht mehr befreien konnten. Gut verankerte Kletterseile oder gar kleine Strickleitern gibt es im Zoofachhandel zu kaufen. Schauen Sie mal bei Spielzeug für Papageien vorbei. Basteltipp: Aus den Streifen eines alten T-Shirts oder den Beinen kaputter Strumpfhosen kann man Zöpfe flechten. Dazu die Streifen an einer Seite zusammenknoten, dann ein Stück flechten, unteres Ende verknoten, etwa 10 cm ungeflochtene Streifen übrig lassen. Der leichte Zopf lässt sich herumtragen, wegschleudern und er riecht nach dem geliebten Menschen. Aus dem Haushalt: Luftschlangen, Vorhangquasten, Geschenkbänder, Paketschnur (→ Seite 152), Taue mit Knoten (→ Seite 171).
Was trainiert wird: Bei hängenden Seilen die Kondition und das Klettervermögen; bei Gummibändern im Türrahmen Kondition und Reaktion; bei Zöpfen der Geruchssinn.

Na, so was, Mimi kann das Ding unter dem Teppich einfach nicht festhalten. Noch ein Stückchen, und die kleine Britin ist ganz unter dem Teppich verschwunden. Wäre doch gelacht, wenn es Katze nicht gelänge, das Mäuschen zu fangen! So schnell gibt Mimi jedenfalls nicht auf.

INFO

Sind Farben wichtig?

Wird Spielzeug für Katzen interessanter, wenn es eine leuchtende Farbe hat? Nein. Katzen können Farben nur schlecht unterscheiden. Ihre Augen sind besonders auf das Sehen im Zwielicht eingerichtet. Man weiß heute, dass Katzen zwischen folgenden Farbpaaren unterscheiden können: Rot und Grün, Rot und Blau, Rot und Grau, Grün und Blau, Grün und Grau, Blau und Grau, Gelb und Blau und Gelb und Grau.

»Mensch, spiel mit mir!«

Katzen akzeptieren feste Spielzeiten mit ihrem Menschen. Doch der beste Zeitpunkt für ein ausgelassenes Spiel ist abends vor dem Essen. Das ist artgerecht, denn draußen jagen Katzen in den frühen Abendstunden und verausgaben sich bei der Jagd, bevor die Maus verspeist werden kann. Durch Bewegung wird auch die Verdauung gefördert.
Also: Auf los geht's los mit der gemeinsamen Spielstunde!

TIPP

Richtig spielen

Katzen mögen es besonders gern, wenn ihr Mensch auf gleicher Augenhöhe mit ihnen spielt. Begeben Sie sich also hin und wieder auf den Boden, um Mieze glücklich zu machen. Gleichzeitig ein kleines Fitness-Training für Sie selbst.

Spiele zum Austoben

Katzenangel: Wenn Federbüschel, Bänder oder Bällchen an der Angel tanzen, kann kein Kätzchen widerstehen. Aber es liegt an Ihnen, wie interessant Sie das Spiel gestalten und den Jagdeifer Ihres kleinen Tigers auf die imaginäre Beute anfachen. Wer Mieze das Federbüschel nur vor die Nase hält, lockt keine Samtpfote hinter dem Ofen hervor. Spannung aufbauen heißt die Devise. Rufen Sie Mieze mit lockender Stimme und zeigen Sie die »Beute«. Bewegen Sie sie langsam auf dem Boden vor ihr hin und her. Lassen Sie ihr Zeit, in Lauerstellung zu gehen und sich anzuschleichen. Dann wird die »Beute« immer schneller. Sie schlängelt sich im Zickzack, vor und zurück, auf und ab, wird langsamer und dann wieder schnell – genau wie eine richtige Maus oder ein Vögelchen. Noch spannender wird es, wenn die »Beute« versucht, sich hinter ein Tischbein, die Tischdecke oder gar den Schrank »hochzuretten«.
Im Zoofachhandel finden Sie eine gute und reichliche Auswahl von Katzenangeln. Aus Federbüscheln oder Bändern unbedingt Stanniolstreifen entfernen!
Zum Basteln einer Katzenangel z. B. einen dünnen biegsamen Weidenzweig mit einer Schnur versehen und ans Ende der Schnur Papierbällchen, Fellmäuschen oder Korken befestigen – fertig. Besonders »naturecht« ist das Beutespiel unter der Decke oder dem Teppich (→ Fotos, Seite 150/151).
Übrigens erregen auch eine einfache Schnur, Geschenkbänder (→ »Verbandelt«, Seite 151) oder Spielbänder aus dem Fachhandel, die sich über den Boden schlängeln, die Aufmerksamkeit der kleinen jagdwütigen Tiger. Achtung! Schnüre und Bänder immer wegräumen, damit sich die Katze ohne Aufsicht nicht darin verheddert oder gar stranguliert!
Was trainiert wird: Kondition, Reaktion, Gehör, Jagdverhalten.
Lichtspiele: Lichtpunkte fan-

gen – ein echtes Wahnsinnsspiel für Katzen, so lange, bis sie merken, dass sich der Punkt gar nicht fangen lässt. Dann ist's vorbei mit dem Interesse. Doch aufgestaute Energie hat's allemal gekostet, und Spaß gemacht hat's auch. Vielleicht waren Frauchen oder Herrchen ja sogar so schlau, den Lichtpunkt auf etwas Greifbares wie etwa die Sisalmaus zu lenken. Unter dem Begriff »Fun-Light« und »Laserpointer« werden im Fachandel Licht-Spielzeuge für Katzen angeboten. Während das Fun-Light durch eine besondere Spiegeltechnik unbedenkliche weiße Lichtstrahlen aussendet, sind die roten Laserstrahlen der Laserpointer nicht unbedenklich. Direkt ins Auge gerichtet, können die Strahlen Netzhautschäden bei Mensch und Tier verursachen. Also Vorsicht mit Laserpointern!
Kostenlosen Lichtpunkt-Spaß bringen der Strahl einer Taschenlampe oder Sonnenstrahlen, die mit einem kleinen Taschenspiegel eingefangen werden.
Was trainiert wird: Kondition und Reaktion. Darauf achen, dass sich das Tier nicht

Die erfinderische Angelina ist fasziniert. Sie versucht, die Wassertropfen am Springbrunnen zu fangen. Doch wie kann das klappen, ohne dabei nass zu werden? Da wird sich Angelina noch etwas ganz Besonderes einfallen lassen müssen – doch bei ihrer Kreativität sicher kein allzu großes Problem.

INFO

Sofatiger oder Spielteufelchen?

Perser gelten als ruhige Rassekatzen. Doch es gibt natürlich auch Ausnahmen. Den einzelnen Rassen werden folgende Temperamente zugeschrieben:

- Besonders ruhig: alle Perser, Britisch Kurzhaar und Exotisch Kurzhaar.
- Etwas lebhafter: Heilige Birma, Maine Coon, Russisch Blau, Sibirische und Norwegische Waldkatze.
- Besonders temperamentvoll: Burma, Siamesen, Somali, Abessinier, Orientalisch Kurzhaar, Balinese, Javanese, Bengalkatze.

Ganz in Spiellaune. Auf dem Rücken liegend tatzelt Silvester nach dem Wedel.

zu sehr verausgabt.
Für alte Katzen sind Lichtspiele zu anstrengend.

Das Jägerspiel: Einmal Jäger, einmal Gejagter – so bleiben Mensch und Katze fit. Ihr kleiner Animateur läuft mit Buckel, gesträubtem Fell und hoch aufgerichtetem Schwanz auf steifen Beinen vor Ihnen her? Dann heißt es Mitmachen und zwischendurch mal hinter der Gardine, der Tür oder hinter dem Sofa verstecken, damit's besonders spannend bleibt. Oder Sie drehen den Spieß einfach um und jagen Mieze.

Was trainiert wird: Kondition und die Bindung zum Menschen wird gefestigt.

Squash: Unermüdlich Bällchen fangen – da vergeht die Zeit wie im Flug. Sie werfen das Bällchen an die Wand, und Kätzchen muss es fangen. Dabei kommt es zu akrobatischen Höchstleistungen. Squash funktioniert übrigens auch in der Badewanne hervorragend. La Bomba spielt am liebsten Murmel-Squash. Sie holt sich Murmeln aus dem Kinderzimmer und kickt sie scheppernd durch die Wanne (→ Seite 146).

Was trainiert wird: Jagdverhalten, Kondition, Reaktion und Sprungkraft. Für alte Katzen ist Squash zu anstrengend.

Papierflieger/Federn: Wenn sie durch die Luft segeln, animiert das zum blitzschnellen Handeln: Wie war das noch mit der fliegenden Beute? Mit einem Schraubensprung hoch in die Luft und mit einem gezielten Tatzenhieb Beute auf den Boden befördern.

Was trainiert wird: Kondition, Reaktion, Jagdverhalten (»Vogel-Abschlagen«) und Sprungkraft. Alte Katzen nicht überfordern.

Seifenblasen: Viele Katzen finden die glitzernden Blasen faszinierend. Doch wenn sich keine fangen lässt, wird's nach einiger Zeit langweilig. Aber für Abwechslung sorgen die bunten Kugeln immer.

Was trainiert wird: Kondition, Reaktion, Jagdverhalten (»Vogel-Abschlagen«) und Sprungkraft. Alte Katzen nicht überfordern.

Besenspiel: Katzen »reiten« gern auf Besen. Das hört sich komisch an, entspricht aber den Tatsachen. Probieren Sie's doch einfach einmal aus. Lassen Sie Ihre Katze auf den Besen aufspringen und kehren Sie dann die Küche. Vielleicht wussten Sie noch gar nicht, welch' großen Spaß das Ihrem Liebling macht?

Was trainiert wird: Vor allem Ihre Kondition und Miezes Gleichgewichtssinn.

TIPP

Polsterfolie

Kennen Sie das Verpackungsmaterial mit den Luftblasen? Ein Super-Spielspaß nicht nur für Katzen. Auch ich knacke die Bläschen gern. Doch zugunsten Celinas halte ich mich zurück. Drauftreten, mit den Krallen anritzen und schon knackt's. Das macht Laune.

Für Katzen mit Köpfchen

Abessinierkater Foxi spielt hingebungsvoll mit seinem Frauchen.

Katzen sind – ebenso wie Menschen – unterschiedlich intelligent. Finden Sie heraus, wie schlau Ihr Kätzchen wirklich ist. Beherbergen Sie vielleicht einen kleinen Einstein? Dann heißt's in Zukunft öfters Kopfnüsse knacken. Nur so bleiben kleine Tiger geistig fit und kommen nicht auf dumme Gedanken.

Rollpappe

Sie brauchen: eine Papprolle z. B. vom Küchenpapier; dünnes, raschelndes Papier wie etwa Papier aus dem Schuhkarton; einige Leckerli.
So wird's gemacht: Legen Sie die Leckerli in die Papprolle und verschließen Sie die Enden locker mit raschelndem Papier. Mieze muss nun ganz schön arbeiten, bevor sie an die begehrten Bissen herankommt. **Eine weitere Variante:** Schneiden Sie zwei bis drei pfotengroße Löcher in die Papprolle und verschließen Sie die Enden fest mit Papier. Jetzt muss Ihr kleiner Tüftler durch die Löcher nach den Leckerbissen angeln.
Was trainiert wird: Intelligenz, Tastsinn, Geruchssinn und Geschicklichkeit.

Das Seerosen-Spiel

Sie brauchen: eine flache Schüssel, Wasser, künstliche schwimmende Blüten, etwa Seerosen (→ Foto, Seite 145), Leckerli.
So wird's gemacht: Schüssel mit Wasser füllen, in eine Blüte ein Leckerli deponieren, zwei oder drei Blüten im Wasser schwimmen lassen. Jetzt muss der vierbeinige Angler versuchen, das Leckerli in der Seerose zu ergattern – und das möglichst, ohne nass zu werden. Ganz schön kniffflig, aber für kluge und geschickte »Fischer« durchaus machbar. Natürlich können Sie auch Korken zusammenbinden und als kleines Floß mit Belohnungshäppchen schwimmen lassen oder Papierschiffchen mit Leckerli beladen.
Was trainiert wird: Intelligenz, Geruchssinn und Geschicklichkeit.

»Fische« angeln

Sie brauchen: ein kugelförmiges Glasgefäß, Wasser, schwimmfähiges Spielzeug aus dem Fachhandel oder z. B. Korken oder Tischtennisbälle aus dem Haushalt.
So wird's gemacht: Gefäß mit Wasser füllen und schwimmfähiges Spielzeug hineinlegen.

Isabella möchte spielen. Zuerst hinter der Tischdecke verstecken und dann neckisch dahinter hervorschauen.

Unter dem Hocker, halb versteckt hinter der Tischdecke, reibt Isabella ihr Näschen an der Decke.

Isabella geht in Lauerstellung. Gleich wird die Beute angesprungen.

Ihr kleiner Fischer soll nun »Fische« fangen.
Was trainiert wird: Intelligenz, Geschicklichkeit, Jagdverhalten (»Angeln«).

Becherparade

Sie brauchen: drei Pappbecher und ein Leckerli.
So wird's gemacht: Stülpen Sie die Becher um und stellen Sie sie in einer Reihe auf. Verstecken Sie vor den Augen Ihrer Katze ein Leckerli unter einem der Becher. Tauschen Sie nun die Becher untereinander. Findet Mieze zielsicher heraus, wo was versteckt ist? Natürlich eignen sich auch locker abgedeckte kleine Schachteln für dieses lustige Spiel.
Was trainiert wird: Intelligenz, Tastsinn, Geruchssinn und Geschicklichkeit.

Schuhkarton

Sie brauchen: einen Schuhkarton mit Deckel, raschelnde Papierbällchen (z. B. das Papier aus dem Schuhkarton oder Butterbrotpapier) und ein Leckerli.
So wird's gemacht: In die Seiten und in den Deckel des Kartons pfotengroße Löcher schneiden. Papierbällchen und Leckerli in den geschlossenen Karton legen. Jetzt kommt es ganz auf die Katze an. Schafft sie es, den Deckel zu öffnen, oder versucht sie, den Leckerbissen geschickt durch die Löcher zu angeln? Man darf gespannt sein, wie Mieze dieses Problem löst. Sicher ist nur eines: Sie wird eine ganze Weile mit dem Fall »XY ungelöst« beschäftigt sein. Doch Ausdauer lohnt sich.
Was trainiert wird: Intelligenz, Tastsinn, Geruchssinn, Gehör und Geschicklichkeit.

Manege frei!

Es gibt Katzen, die scheinen zum Showstar geboren zu sein. Sie genießen es außerordentlich, im Mittelpunkt zu stehen. Manche lassen sich dafür sogar herab, kleine Kunststücke zu lernen. Doch einfach wird das Training nicht, denn Katzen sind keine Hunde. Die unabhängigen Samtpfoten machen nur das, was ihnen gefällt und so lange es ihnen Spaß macht. Zwingen Sie Ihren kleinen Star zu nichts. Nutzen Sie stattdessen seine natürlichen Fähigkeiten und seine kleinen Schwächen für beispielsweise ein Stückchen gekochten Putenschinken oder ein Häppchen Vitaminpaste. Und noch eines: Nie direkt nach dem Essen trainieren!

Eine Herausforderung für kluge Katzen. Wer kommt am schnellsten an die Leckerli?

TIPP

Von draußen

Denken Sie beim nächsten Spaziergang an Ihre Katze zu Hause. Sie freut sich über ein interessant riechendes Mitbringsel wie zum Beispiel Federn, einen Tannenzapfen, Eicheln, Kastanien, Weizenähren, ein Sträußchen frischer Katzenminze, ein Stück Treibholz oder federleichte Rindenstückchen.

Am Anfang steht das »Sitz«

Bei jeder Übung ist es wichtig, dass die Katze auf ihren Namen hört und herbeikommt, wenn Sie sie lockend rufen. Doch sich auf Kommando hinzusetzen erfordert schon ein wenig Übung, obwohl auch dies die Grundvoraussetzung für weitere Kunststückchen ist.

So geht's: Vor dem Füttern die Katze auf den Tisch setzen. Sie sitzen auf einem Stuhl vor ihr und halten in einer Hand ein Leckerli. Wahrscheinlich hat Mieze bereits von sich aus erwartungsvoll die Sitzposition eingenommen, doch sie hat noch nicht gelernt, dies auf Kommando zu tun. Halten Sie ihr nun den Leckerbissen vor die Nase. Mieze erhebt sich, um daran zu schnüffeln. Jetzt den Happen über ihren Kopf nach oben, zwischen ihre Ohren, bewegen. Mieze setzt sich wieder. Während sie sich hinsetzt, ihren Namen und das Wort »Sitz« sagen. Erst dann gibt's die Belohnung.

Was trainiert wird: Intelligenz.

Silvester und Frederik vertreiben sich die Zeit mit wilden Raufereien. Zu zweit kommt selten Langeweile auf.

Springen auf Kommando

Die bekannte Fotografin und Tierbuch-Autorin Monika Wegler plauderte mit mir über ihre kätzischen Fotomodelle und wie sie einen Sprung von Stuhl zu Stuhl mit ihnen übt.

So geht's: Sie brauchen zwei stabile Stühle mit rutschfester Sitzauflage z. B. aus Stoff oder Weidengeflecht. Es darf nichts wackeln oder zu glatt sein, sonst wird die Katze verunsichert. Stellen Sie die Stühle in einem Abstand von etwa 50 cm mit den Sitzflächen nach innen auf. Nehmen Sie einen Leckerbissen, den Ihr Kätzchen am liebsten mag. Gehen Sie nun hinter einem der beiden Stühle in die Hocke und locken Sie das Tier etwa mit den Worten »Hhm, Leckerli, Hopp!« auf den Stuhl. Springt Mieze hinauf, wird sie gestreichelt, gelobt und bekommt ihren Belohnungshappen. Diese Übung so lange wiederholen, bis die Katze begriffen hat, worum es geht. Als nächsten Schritt die Katze auf den Stuhl springen lassen, während Sie hinter dem gegenüberliegenden Stuhl in die Hocke gehen. Locken Sie Mieze nun mit Ihrer Stimme und der in Katzenkreisen so beliebten Katzenangel (→ Seite 152). Springt die Katze, ist wieder eine kleine Beloh-

Burgfest: Ein Karton mit Löchern ist für die meisten Katzen etwas Wunderbares, um sich zu beschäftigen. Kater Felix hockt im Karton, seine Schwester Sirena darauf. Sirena hält Ausschau – was lässt sich denn als Nächstes für ein nettes Spielchen nutzen?

nung fällig. Erweitern Sie die Sprungstrecke stückchenweise, wenn mehrere Sprünge erfolgreich absolviert wurden. Kleine Schlauberger und Faulpelze versuchen manchmal, einen Zwischenstopp auf dem Fußboden einzulegen und nicht direkt zu springen. Lassen Sie dann ein strenges »Nein!« ertönen. Die Belohnung fällt natürlich aus. Nicht länger als 10 Minuten hintereinander üben!

Was trainiert wird: Intelligenz und vor allem die Kondition.

Gib Pfötchen

In Hundekreisen würde man sich sicher über diese kleine Übung amüsieren, denn fast jeder Hund beherrscht sie. Doch die Katzengesellschaft sieht das anders. »Pfötchen geben« kann sein – muss aber nicht.

So geht's: Die Katze sitzt vor Ihnen (→ Seite 158). Lassen Sie nun eine Schnur mit einem Papierbällchen oder einer Fellmaus über ihrem Kopf hin- und hertanzen. Wenn Ihr kleiner Tiger die Pfote hebt und danach tatzelt, sagen Sie im gleichen Moment, wenn er das Bäll-

INFO

Keine Lust zum Spielen?

Katzen mit Freilauf finden draußen genug Anregung. Sie sind längst nicht so »spielwütig« wie reine Wohnungskatzen. Vielleicht ist Ihr vierbeiniger Liebling aber auch einfach zu dick und die Bewegung fällt ihm schwer. Animieren Sie ihn z. B. mit der Katzenangel (→ Seite 152). Tempo langsam steigern! Schließen Sie aus, dass Ihre Katze krank ist. Tiere, die Schmerzen haben, sind nicht zu Spielchen aufgelegt.

chen oder die Maus berührt: »Gib Pfötchen, Maxi.« Wenn Ihr Kätzchen begriffen hat, was es tun soll, reicht später auch der kleine Satz allein aus, um sie zum Pfötchengeben zu bewegen. Doch eine kleine Belohnung sollte immer drin sein.

Was trainiert wird: Intelligenz, Reaktion, Tastsinn und die Bindung zum Menschen.

Bring's mir

Apportieren ist eigentlich eine leichte Übung, denn Katzen mit Freilauf bringen ihrem Menschen häufig ein kleines Mäuse-Geschenk von der Jagd mit. Übrigens ein Zeichen dafür, dass Mieze sich zu Hause sicher und geborgen fühlt. Doch etwas auf Kommando herbeizubringen ist bei Katzen reine Willenssache. Manche mögen's, andere wollen das doch lieber dem Hund überlassen. Probieren Sie aus, ob Ihr eigenwilliger Liebling Lust zum Apportieren hat.

So geht's: Wählen Sie ein kleines, weiches Lieblingsspielzeug Ihrer Katze, das sie leicht mit den Zähnen packen kann. Spielen Sie vor ihren Augen ein wenig damit und wecken Sie so ihr Interesse. Werfen Sie das Spielzeug in ihre Nähe. Sobald sie das Spielzeug berührt, sagen Sie: »Bring's!« Natürlich wird sie nicht beim ersten Mal darauf reagieren. Lassen Sie sie eine Weile allein mit dem Spielzeug spielen. Heben Sie es dann auf und wiederholen Sie das Ganze. Vielleicht geht's auch einfacher: Wenn Mieze ein Spielzeug im Mäulchen umherträgt, nehmen Sie es ihr im Austausch gegen einen Leckerbissen weg und werfen es mit dem Wort »Bring's!« zu ihr hin. Zugegeben, das ist eher Hundemanier, doch manchmal funktioniert es auch bei Katzen. Übrigens apportieren einige Katzen ganz von sich aus, indem sie ihrem Menschen kurzerhand das Spielzeug vor die Füße legen. Das heißt dann übersetzt: »Los, spiel mit mir!«

Was trainiert wird: Kondition, Reaktion und Jagdverhalten.

»Tanzende« Katze

Zugegeben, es hört sich aufregender an, als es ist, denn gemeint ist hier lediglich, dass sich die Katze auf die Hinterpfoten stellt. Doch ehrlich, bewundern wir im Zirkus nicht gerade Raubtierdressuren und besonders die Schlussnummer, wenn alle Großkatzen gleichzeitig auf den Hinterpfoten stehen und sich vom Publikum verabschieden? Ein atemberaubender Anblick. So ein ganz klein wenig als Dompteur fühlt man sich wohl auch, wenn sich der eigene kleine Tiger auf das Kommando »Hoch«

nach oben reckt – oder etwa nicht?

So geht's: Für unsere Haustiger ist es gar nicht so unnatürlich, auf zwei Beinen zu stehen. Schließlich passiert das des Öftern auch einmal bei der Jagd, um an das »Objekt der Begierde« heranzukommen. Wenn die Katze vor Ihnen sitzt, zeigen Sie ihr einen Leckerbissen oder die geliebte Katzenangel. Wenn sie den Happen nehmen möchte oder anfängt, nach dem Bällchen an der Angel zu pfoteln, halten Sie Leckerbissen oder Angel immer höher, bis sie auf den Hinterbeinen steht. Geben Sie jetzt das Kommando »Hoch!« und warten Sie einen Moment, bevor Sie ihr den Leckerbissen geben bzw. sie das Bällchen in den Pfoten halten darf. Diese Übung lernen Katzen schnell.

Was trainiert wird: Intelligenz und natürlich auch Kondition.

Balanceakt

Balancieren können Katzen im Schlaf, und in einer katzengerechten Wohnung sollte es einige Möglichkeiten zum Trainieren des Gleichgewichtssinns geben (→ ab Seite 166). Doch an dieser Stelle geht es ja darum, kleine Kunststücke einzuüben, die nicht nur das Band zwischen Katze und Mensch festigen, sondern auch beiden Spaß machen. Ganz nebenbei bleiben Mensch und Katze beim

TIPP

Spielen macht durstig

Eigentlich ist es überflüssig, darauf hinzuweisen, denn bei fürsorglichen Katzenhaltern ist Miezes Wassernapf immer gefüllt. Denken Sie besonders im Eifer des Spiels an frisches Wasser, damit Ihr vierbeiniger Partner nie vor leerem Napf steht, wenn er Durst hat.

La Bomba und Flori trainieren an der kleinen Strickleiter ihre Geschicklichkeit.

gemeinsamen Spiel in jeder Hinsicht fit.
So geht's: Das imaginäre Hochseil Ihres kleinen »Seiltänzers« besteht am einfachsten aus zwei Stühlen und einem Holzbrett. Achten Sie darauf, dass das Brett nicht zu glatt ist, fest aufliegt und nicht wackelt. Üben Sie mit Mieze zunächst das Hochspringen auf das Brett, wie in der Übung »Springen auf Kommando« (→ Seite 159) beschrieben. Wenn das klappt, stellen Sie sich auf die gegenüberliegene Seite und animieren Ihre Katze mit lockender Stimme und dem Kommando »Na, komm, Mimi!«, einem Leckerbissen oder der Katzenangel, über das Brett zu laufen. Auf der anderen Seite angekommen, gibt es eine weitere Belohnung. Bald bewegt sich Mieze in katzentypischer Eleganz nur auf Zuruf über den Laufsteg. Natürlich lässt sich der Schwierigkeitsgrad der Übung erhöhen. Das Brett wird schmaler oder durch ein Hochseil ersetzt (→ Foto, Seite 167).
Was trainiert wird: Intelligenz, Gleichgewichtssinn und Kondition.

Katzen und ihre Freunde

Dem Spiel von Katzen mit Artgenossen ist nur wenig Platz in diesem Ratgeber gewidmet. Nicht ohne Grund: Wenn sich Katzen miteinander verstehen, erübrigt sich im Grunde jede Spielidee. Die haben Katzen dann schon ganz von allein. Wilde Verfolgungsjagden, herzhafte Balgereien, Versteckspiele, gemeinsam Interessantes entdecken (wenn ihnen Entsprechendes geboten wird, (→ ab Seite 166), all das macht ein Wohnungskatzen-Leben zu zweit lebenswert. Sich gleich zwei und mehr Katzen anzuschaffen ist besonders dann sinnvoll, wenn die Tiere viel allein zu Hause sind. Kaum ist jedoch ihr Mensch wieder da, nimmt er sofort den ersten Platz bei seinen schnurrenden Vierbeinern ein. Ein ausgiebiges Spiel mit Oberkatze Mensch ist eben durch nichts zu ersetzen. Vielleicht ein kleines Spielchen zu dritt gefällig? Da bietet sich ein zünftiges Pingpong-Spiel an. Der Mensch übernimmt die Rolle des Balljungen und sorgt dafür, dass der Tischtennisball immer wieder den Weg von einer Katze zur anderen findet. Auch das Torwart-Spiel gefällt vielen Katzen ganz besonders gut. Ein großer Karton oder der Türrahmen bildet das Fußball-Tor. Die Katze steht im Tor. Werfen Sie nun kleine Papierbällchen auf das Tor. Ihre kleinen Tiger fangen garantiert jeden Ball im Flug. Spannend wird es, wenn eine Fellmaus oder ein Bällchen an der Schnur über den Boden huscht. Wer ist der Schnellste beim Fang der Beute?

Spiel und Abenteuer

Spielplatz Wohnung und Balkon

Der ideale Fitness-Spielplatz für Wohnungskatzen: eine mit Sisal bespannte Trommel mit Schlupflöchern.

Könnte man Katzen über ihre Meinung zu Menschenwohnungen befragen, würden wir wahrscheinlich Folgendes zu hören bekommen: »Hier gibt's zu wenig Versteckmöglichkeiten, keine geeigneten Aussichtsplätze, und richtig klettern kann man auch nirgendwo!« Das lässt sich ändern ...

So möchten Katzen leben

Wir stehen im wahrsten Sinne des Wortes mit beiden Beinen auf dem Boden. Katzen nicht. Das gute und sichere Gefühl, alles im Blick zu haben, gibt nur ein Aussichtsplatz von hoher Warte. Wir leben vorwiegend auf einer Ebene. Katzen nicht. Auf den Kontrollgängen durch ihr Revier nutzen Samtpfoten zwar gern die gleichen Pfade, doch die können über Dächer, Zäune und Bäume führen. Draußen durchstreifen Katzen mehrmals täglich ihr Revier – man könnte sagen auf einer Art Rundkurs. Das machen sie auch im Wohnungsrevier. Wie

Lucy fühlt sich sichtlich wohl in ihrem Schuh. Hier kann sie kuscheln und spielen.

Ein sonniger Platz am offenen Fenster ist für Wohnungskatzen ein Traum.

Sternchen balanciert elegant über ein verknotetes Tau von einem Kratzbaum zum anderen.

schrecklich für die Katze, wenn sie ihren gewohnten Rundgang nicht mehr machen kann, weil plötzlich eine Tür verschlossen ist. Katzen gehen gern Wände hoch. Wir nicht. Für Wohnungskatzen wird das möglich, wenn sie die dritte Dimension eines Raumes nutzen dürfen. Regalbretter, Katzenleitern und an der Wand befestigte Sisalteppiche führen in luftige Höhen. Katzen verstecken sich gern. Manche Menschen täten das am liebsten auch. Sorgen Sie also für Schlupfwinkel. Und was lieben Katzen und Menschen gleichermaßen? Kuschelige Schlafplätze, keine Langeweile und Schmusen …

Fitness-Center: Kratzbaum

Krallen wetzen, gemütlich kuscheln, sich verstecken, klettern, balancieren, springen, toben – all das kann ein guter Kratzbaum unseren kleinen Tigern bieten. Eigentlich ein Muss für jede Wohnung, in der Katzen leben. Viele Katzenhalter haben ihrem schnurrenden Vierbeiner diesen Wunsch bereits erfüllt. Doch manchmal steht das Teil unbenutzt in der Ecke oder findet nur noch als Blumenständer Verwendung wie bei meiner Freundin Kathrin. »Wie undankbar!«, wird mancher denken. Doch weit gefehlt! Sicherlich gibt es einen Grund, warum die Katze den Kratzbaum verschmäht. Wenn er schon beim ersten Sprung in Schwingungen gerät, finden Katzen das nicht lustig. Solche wackeligen Angelegenheiten sind viel zu unsicher. Für einen soliden Kratzbaum lohnt es sich immer, etwas tiefer in die Tasche zu greifen.

➤ Ein guter Kratzbaum reicht vom Fußboden bis zur Decke (→ Foto, Seite 172). Er sollte unten und oben verankert werden.

➤ Der untere Teil des Baums besteht aus sisalumwickelten Säulen oder aus echten Baumstämmen. Hier kann sich Katze recken und strecken und ihre Krallen wetzen.

➤ Höhlen und Sitzbretter sind vor allem im oberen Teil angeordnet. In Katzenkreisen mag man mit Plüsch bezogene Höhlen und Bretter besonders gern.

➤ Sisalbespannung und Plüschbezüge sollten erneuerbar sein.

➤ Zwei oder drei Stoffmäuschen oder -bällchen, die an einer Schnur herabhängen, oder flatternde Bänder machen den Kratzbaum für Mieze perfekt.

Hinweis: Inzwischen gibt es im Fachhandel regelrechte Wohn- und Spiellandschaften für Katzen. Je nach Wohnsituation können verschiedene Kratzbäume, Tunnel und andere Kombinationselemente miteinander verbunden werden. Für geschickte Heimwerker eine kreative Fundgrube.

Der richtige Platz: Katzen sind neugierig, wollen gern dabei sein und lieben einen guten Überblick. Wenn der Kratzbaum in einer abgelegenen Flurecke steht, erregt das kaum das Interesse unserer schnurrenden Gesellschaft. Ein Platz im Wohnzimmer, wo abends alle versammelt sind, ist da schon beliebter. Ideal, wenn Mieze vom Kratzbaum bis zu Frauchens Sessel nur ein paar Schritte hat. Eine Runde Kraulen zwischendurch hat schon was! Geradezu traumhaft wird es, wenn die Katze tagsüber vom Kratzbaum aus durchs Fenster schauen und dabei auch noch die selbstverständlich offene Zimmertür im Auge behalten kann.

Wo Kratzorgien erlaubt sind

Das Schärfen der Krallen und damit verbunden das Markieren von Gegenständen ist eine typische Katzeneigenschaft. Wer sich eine Katze als Gesellschafterin hält, muss Kratzspuren auf Sofa und Teppich verschmerzen können. Die Kratzorgien auf teuren Möbelstücken halten sich jedoch in Grenzen, wenn Sie Ihrem kleinen Tiger mehrere spezielle Kratzgelegenheiten anbieten. Der Kratzbaum ist eine Möglichkeit, daneben gibt es im Zoofachhandel mit Sisal bespannte Kratztrommeln, die gleichzeitig zum Spielen und Verstecken anregen (→ Foto, Seite 166), und Spielzeug zum Kratzen wie etwa das Play-n'-scratch (→ Foto, Seite 149). An der Wand befestigte Kratzbretter oder ein Stück Sisalteppich tun ebenfalls gute Dienste.

Spielwiese Balkon – frische Luft weckt Lebenslust

Die neuen Vorhänge mit den aufgedruckten bunten Schmetterlingen sind für Kitty der Hit. Sie versteht überhaupt nicht, warum Frauchen sich so aufregt, wenn sie ihre Krallen in den Vorhang schlägt, um die Schmetterlinge zu fangen. Echte Schmetterlinge kommen in der Wohnung selten vorbei. Auf dem Balkon stehen die Chancen da schon viel besser.

Paradies Balkon

Verfügen Sie über einen Balkon? Dann lassen Sie Ihren Stubentiger Ferien auf »Balkonien« machen. Wunderbar, die frische Luft zu genießen, faul in der Sonne zu liegen, die fremden aufregenden Gerüche und Geräusche wahrzunehmen und zum Zeitvertreib nach Schmetterlingen oder anderen Insekten zu jagen. Es ist gar nicht so aufwändig, ein Katzenparadies auf dem Balkon zu gestalten.

Sicherheit

»Katzen überleben jeden Sturz.« Diese Aussage ist natürlich falsch! Im Gegenteil: Laut Statistik endet jeder fünfte Sturz aus einem höher gelegenen Fenster oder vom Balkon auch bei Katzen tödlich. Deshalb Balkone grundsätzlich mit einem Katzennetz absichern. Informieren Sie sich darüber im Zoofachhandel.
Hinweis: Bei Mietwohnungen sicherheitshalber die Genehmigung des Vermieters einholen.

Gestaltung

Auch hier wieder zunächst die Frage: Was ist für Katzen eigentlich wichtig und was entspricht ihrem Wesen?

➤ Sorgen Sie dafür, dass Ihr Stubentiger zu jeder Zeit auf den Balkon, aber auch wieder zurück in die Wohnung kann. Eine Katzenklappe macht das möglich.

➤ Mieze muss über die Balkonbrüstung schauen können, damit's richtig interessant ist. Besorgen Sie ihr z. B. einen standfesten echten Baumstamm als Aussichtsturm, Liegeplatz und Kratzgelegenheit.

➤ Ein Katzensteg entlang der Balkonbrüstung lädt zum informativen Rundgang ein. Wer keine Lust auf Eigenbau hat, findet im Fachhandel Angebote.

➤ Für ein schattiges Plätzchen kann ein Sonnenschirm sorgen. Ist die Stellfläche zu gering für einen Schirm, ist ein Stück Segeltuch eine gute Lösung. Mit Karabinerhaken versehen wird das Tuch einfach in das Katzennetz eingehakt.

➤ Versetzen Sie Ihren kleinen Tiger in einen Duftrausch mit Katzenminze, Baldrian, Lavendel, Thymian, Oregano und Zitronenmelisse als Bepflanzung.

Gestalten Sie einen kleinen Zimmerbrunnen für Ihren Liebling. Aus der Schale darf getrunken, am Schilfgras und an der Bergpalme geknabbert werden.

Der kleine Schrank mit geöffneten Türen und Schubladen verführt alle Katzen zum Versteckspielen.

Nach dem Spiel ist ein Nickerchen in diesem Liegeplatz zum Einhängen an den warmen Heizkörper eine Wonne.

Kratzgelegenheiten an der Wand oder am Schrank so hoch anbringen, dass sich die Katze recken muss, um die Krallen zu wetzen. Idealerweise liegt Miezes Kratzoase auf dem Weg vom Schlafplatz zum Futternapf.

Der »Catwalk«

Ein Laufsteg in luftiger Höhe. Wer das seinem schnurrenden Liebling bietet, hat dessen Geschmack 100-prozentig getroffen. So wird die Wand begehbar, und Miezes Revier erweitert sich enorm. Gerade für kleine Wohnungen ist ein Catwalk genau das Richtige. An die Wand montierte schmale Bretter bilden die Grundlage des Laufstegs, der über den Türrahmen bis zum nächsten Schrank, von dort zum Kletterbaum und dann zur Fensterbank führen kann. Dazwischen ein Stück dickes Tau zum Balancieren (fest verankern!) und Kuschelplätzchen zum Verweilen machen den Catwalk zum Abenteuerpfad. Doch Sie kennen Ihre Wohnung besser als ich und wissen selbst am besten, was machbar ist. Nur so viel noch: Hinauf auf den Laufsteg und hinunter kommt Mieze über eine kleine Leiter, eine Sisalsäule, ein Stück Sisalteppich, das an der Wand befestigt ist oder eine schmale Rampe aus Holz.

Ein Platz in der ersten Reihe

Besonders Wohnungskatzen wissen ihn zu schätzen: den Platz am Fenster (→ Foto, Seite 167). Von sicherer Warte aus schauen, wie große und kleine Hunde vorbeilaufen, gespannt den Vogel vor dem Fenster beobachten oder einfach zuschauen, wie im Herbst das Laub von den Bäumen fällt. Hier tut sich immer etwas. Versüßen Sie Ihrem schnurrenden Vierbeiner den Platz mit einem Kuschelkissen, Spielzeug und etwas Grünem zum Knabbern. Schmale Fensterbänke lassen sich mit speziellen Vorrichtungen aus dem Zoofachhandel verbreitern. Ein Netz oder ein Rahmen mit bespanntem Draht vor dem Fenster schützen vor Ausbruch und Absturz, wenn das Fenster an warmen Tagen offen bleibt. Beachten Sie, dass gekippte Fenster zu tödlichen Fallen für Katzen werden können. Im Fachhandel gibt es jedoch auch Sicherungen für Kippfenster.

Seile für Klettermaxe

Katzengeschmäcker sind verschieden, wie jeder weiß. Doch ein Kletterspielplatz reizt viele Miezen. Dicke Seile aus Naturfasern oder Strickleitern (in Seil- und Korbwarengeschäften bzw. in Läden für Seglerzubehör erhältlich) laden zu lustigen Kletterpartien ein. Die Kleinen hängen sich gern an frei schwingende Seile (→ Foto, Seite 130). Die Großen mögen es fest verankert lieber. Auch waagerecht angebrachte dicke Seile nutzen Katzen-Akrobaten gern zum Balancieren.

Ein Brunnen im Zimmer

Zimmerbrunnen liegen seit einigen Jahren voll im Wohntrend. Sie sorgen nicht nur für ein besseres Raumklima, sondern entspannen auch durch ihr kontinuierliches leises Geplätscher. Katzen lieben Zimmerbrunnen. Sie trinken daraus, knabbern an den Pflanzen und spielen mit dem nassen Element. Im Winter – bei trockener Heizungsluft – bleibt Miezes Fell, dank Zimmerbrunnen, anliegend und geschmeidig. Schenken Sie also Ihrer Katze und sich selbst einen Zimmerbrunnen. Bei Katzen hoch im Kurs stehen Modelle mit Kugeln, die sich drehen oder bei denen das Wasser über kleine Kaskaden hinabfällt (→ Foto, Seite 170). Als Bepflanzung eignen sich z. B. nicht zu scharfkantige Zyperngras- und Bergpalmenarten. In Gebieten mit hartem Leitungswasser sollten Sie das Brunnenwasser vorher über Kohle filtern, damit die Wasserpumpe des Brunnens nicht zu schnell verkalkt. Es gibt Wasserfilter, die einfach zu handhaben sind. Kein destilliertes Wasser verwenden!

Katzenmöbel

Ob Luxus-Hänge-Kuschelspielplatz wie auf dem Foto Seite 164, eine Dampfwalze zum Verstecken, Klettern und Kratzen (→ Foto, Seite 173), eine exklusive Traumvilla oder ein Katzen-Spielhaus – der Fachhandel lässt keine Wünsche offen. Wen ein durchlöcherter Pappkarton in seiner Wohnung stört, kauft seinem schnurrenden Vierbeiner eben ein Massivhaus mit Terrasse, Teppichböden und eingebautem Spielzeug. Hauptsache, Mieze hat niemals Langeweile, wenn sie zum Spielen aufgelegt ist.

Katzen-Agility

Die meisten Hunde wüssten gleich, wovon ich rede. Agility – ein Sport, bei dem es gilt, Hindernisse in einer bestimmten Zeit zu bewältigen. Viele Hunde üben ihn begeistert zusammen mit Herrchen oder Frauchen aus. Doch ist das auch ein Sport für Katzen? Es kann sein, dass Mieze Gefallen daran findet. Sicher ist das jedoch nicht, und die Sache mit der Zeitvorgabe lassen wir doch lieber ganz aus dem Spiel. Wieder einmal heißt es: »Probieren geht über Studieren.« Überlegen Sie sich einen Hindernisparcours. Er kann über Betten, Sessel, Stühle, Kartons, Rampen, durch Stofftunnel und um Stuhl- und Tischbeine herumführen.

Jetzt sind natürlich Sie als Spielpartner gefragt. Befestigen Sie einen Leckerbissen, z. B. ein Stück gekochten Putenschinken, an einer langen Schnur. Ziehen Sie die Schnur über die Hindernisse und um sie herum. Folgt Ihnen Ihr kleiner Tiger? Wenn ja, bekommt er am Ende des Parcours natürlich den Leckerbissen. Wenn nein, bekommt er ihn nach einer kleinen Weile auch. Spielen soll schließlich Spaß machen, und Agility ist nun mal wirklich nicht jeder Katze Sache.

Schuhparade: Hier noch eine lustige Idee gegen Katzen-Langeweile in der Wohnung – vorausgesetzt, Sie sind bereit, Ihren Schuhschrank auszuräumen und die Schuhe Ihrem schnurrenden Liebling zu überlassen.

Stellen Sie Schuhe verschiedenster Art hintereinander auf: normale geschlossene Schuhe, Riemchensandalen, Gummistiefel, Stiefeletten, Schuhe mit Schnürsenkeln und halboffene Schuhe.

Legen Sie in jeden Schuh eine kleine Überraschung: ein Papierbällchen, ein Leckerli, das Fellmäuschen oder einen Korken. Schaut Ihre Katze Sie jetzt verständnislos an? Dann machen Sie ihr mithilfe der Katzenangel (→ Seite 152) die Schuhparade schmackhaft und lassen Sie sie von Schuh zu Schuh hüpfen.

Schatzsuche: Dass Katzen Höhlen lieben, ist bekannt. Eine leicht zu öffnende Schublade im Schrank – nur für die Katz, versteht sich – kommt da super an. Klasse, wenn man sich's in der Schublade so richtig bequem machen kann und auch noch ein Leckerli findet (→ Foto, Seite 170).

Der große dekorative Kratzbaum steht im Wohnzimmer und reicht auch für mehrere Katzen.

Die Ruhe nach dem Sturm

Genug gespielt. Jetzt muss sich Katze erst mal stärken. Also auf zum gefüllten Futter- und Wassernapf. Und danach ist Schmusen dran. Frauchen oder Herrchen weiß längst, was ihrem Kuschelmonster besonders gut gefällt. Wenn die Hand sanft über das weiche Fell streicht und Katze schnurrt wie ein kleiner Motor, dann ist's gut. Sanft ziehen die Fingerkuppen Striche durch das dichte Fell. Sanft werden in kreisenden Bewegungen Stirn, Kinn und die Stellen hinter den Ohren gekrault, sanft massiert Oberkatze Mensch sein Kätzchen zwischen den Schulterblättern. Das entspannt. Ach ja, Katze bei einem selbst müsste man sein … Doch was Sie vielleicht noch gar nicht wissen: Viele Katzen genießen Massagen. Uns ist die wohltuende Wirkung bekannt: Sie lösen Verspannungen, regen den Blutkreislauf an und stimulieren den Stoffwechsel. Aber weiß das Mieze? Sicher nicht, und doch reagieren viele Katzen positiv auf die entsprechenden Berührungen. Finden Sie heraus, ob Ihr Stubentiger Massagen zu schätzen weiß. Beginnen Sie mit den Fingerkuppen vom Nacken bis zur Schwanzwurzel entlang der Wirbelsäule in kreisförmigen Bewegungen zu massieren. Üben Sie dabei nur einen leichten Druck auf den Katzenkörper aus. Kneten Sie sanft mit den Fingern Miezes Ohren von der Ohrwurzel bis zur Spitze. Und? Wie findet Katze das? Schnurrt sie entspannt? Dann probieren Sie auch noch eine wohltuende Pfotenmassage: Kneten Sie leicht und vorsichtig zwischen den Ballen. Empfindet Mieze das als angenehm, »tretelt« sie mit den Pfoten in die Luft. Fängt sie dagegen an, mit der Schwanzspitze zu zucken,
war das eindeutig das falsche Verwöhnprogramm für Ihre vierbeinige Gesellschafterin. Doch vielleicht wird es nun auch langsam Zeit für ein Nickerchen. Die kuschelige Hängeliege am Heizkörper wartet schon (→ Foto, Seite 170). Oder bevorzugt die vierbeinige Genießerin heute das Bett, wo es so herrlich nach ihrem vertrauten Menschen riecht? Na dann – süße Träume …

TIPP

Und noch mehr Wellness

Wohltuend auf Mensch und Tier wirken zum Beispiel bestimmte Halbedelsteine, die deshalb auch als »Heilsteine« bezeichnet werden. Rosenquarz sorgt für Herzenergie, Aventurin für Entspannung, und Lapislazuli stärkt die innere Wachheit. Füllen Sie eine flache Schale mit Quarzsand und legen Sie die Steine hinein. Stellen Sie die Schale auf einen zentralen Platz im Raum.

Adressen

Verbände/Vereine

➤ Fédération Internationale Féline (FIFe), 17 Rue du Verger, L-2665 Luxembourg, www.fifeweb.org (engl.)

➤ 1. Deutscher Edelkatzenzüchterverband e.V., (1. DEKZV e.V.), Berliner Str. 13, D-35614 Asslar, www.dekzv.de

➤ Deutsche Rassekatzen-Union e.V. (D.R.U.), Geschäftsstelle: Hauptstr. 56, D-56814 Landkern, www.dru.de

➤ Österreichischer Verband für die Zucht und Haltung von Edelkatzen (ÖVEK), Liechtensteinstr. 126, A-1090 Wien, www.oevek.org

➤ Fédération Féline Helvétique (FFH), Alfred Wittich (Präsident), Büntacher 22, CH-5626 Hermetschwil, www.ffh.ch

➤ Deutscher Tierschutzbund e.V., Baumschulallee 15, D-53115 Bonn, www.tierschutzbund.de

Bei diesen Verbänden können Sie Adressen von Katzenclubs und -vereinen erfragen.

Katzen im Internet

Viel Wissenswertes rund um Katzen, inklusive Gesundheit, Ernährung, Katzenlexikon, Katzenrassen, Spiel und Spaß und vieles mehr, finden Sie auf folgenden Internetseiten:

➤ www.katzencity.de
➤ www.pfotenhieb.de
➤ www.katze-und-du.at
➤ www.katze-und-du.de
➤ www.netz-katzen.de
➤ www.miau.de
➤ www.schmusekatzen.de

Informationen über giftige Pflanzen erhalten Sie unter:

➤ www.giftpflanzen.ch

Fragen zur Haltung beantworten

Ihr Zoofachhändler und der Zentralverband Zoologischer Fachbetriebe Deutschlands e.V. (ZZF), Tel. 06 11/44 75 53 32 (nur telefonische Auskunft möglich: Mo 12–16 Uhr, Do 8–12 Uhr), www.zzf.de

Registrierung von Katzen

➤ TASSO e.V., Abt. Haustierzentralregister, D-65784 Hattersheim, Tel. 0 61 90/93 73 00, www.tasso.net

➤ Internationale Zentrale Tierregistrierung (IFTA), Nördliche Ringstr. 10, D-91126 Schwabach Tel. 0 08 00/43 82 00 00 (kostenlos), www.tierregistrierung.de

➤ Deutsches Haustierregister, Deutscher Tierschutzbund e.V., Baumschulallee 15, D-53115 Bonn, www.deutsches-haustierregister.de

Wer seine Katze vor Tierfängern und dem Tod im Versuchslabor schützen will, kann sie hier registrieren lassen.

Bücher

➤ Eilert-Overbeck, B.: Katzen. Gräfe und Unzer Verlag, München

➤ Eilert-Overbeck, B.: Unser Kätzchen. Gräfe und Unzer Verlag, München

➤ Hofmann, H.: Meine Katze. Gräfe und Unzer Verlag, München

➤ Ludwig, G.: Das große GU Praxishandbuch Katzen. Gräfe und Unzer Verlag, München

➤ Ludwig, G.: 300 Fragen zur Katze. Gräfe und Unzer Verlag, München

➤ Linke-Grün, G.: 1000 Katzennamen von A bis Z. Gräfe und Unzer Verlag, München

➤ Linke-Grün, G.: Wohnungskatzen. Gräfe und Unzer Verlag, München

Zeitschriften

➤ die edelkatze. Illustrierte Fachzeitschrift für Katzenfreunde, Verbandszeitschrift des 1. DEKZV (→ Adressen)

➤ katzen. Hrsg. D.R.U. (→ Adressen)

➤ Katzen extra. ➤ Geliebte Katze. Gong Verlag, Ismaning

Katzen
glücklich & gesund

Die Autorin
Katrin Behrend, von klein auf an das Leben mit Katzen und Hunden gewöhnt, teilt ihren Haushalt seit vielen Jahren mit mehreren Samtpfoten. Sie ist Journalistin und arbeitet für GU als Tierbuch-Redakteurin und Autorin erfolgreicher Ratgeber. Heute lebt sie in München und Italien, wo sie sich um zahlreiche Katzen in ihrer Umgebung kümmert.

Die Fotografen
Artemis View/Elsner: S. 19 li., mi., 35 li., re.; Binder: S. 18 li., 37 o. re., 39; Cogis/Lanceau: S. 18 re.; Giel: S. 2; Juniors/Born: S. 32, 47; Juniors/Farkaschovs-ky: S. 42/43; Juniors/Groth: S. 26/27; Juniors/Kuczka: S. 34; Juniors/Lindner: S. 66; Juniors/Oasis Inc.: S. 3; Juniors/Wegler: S. 12, 16 li., mi., 17 li., mi., re., 18 mi., 19 re., 22, 33; Kuhn: S. 14, 17 u., 40; Schanz: S. 10/11, 15, 16 re., 20/21, 23, 24, 28, 29, 36 li., re., 37 o. li., mi. re., 38, 44, 45, 46, 48, 49 li., mi., re., 51, 52, 54/55, 56, 57, 58, 59, 60, 61 li., re., 62, mi., re.; Wegler: 30, 31 (alle).

Katzensprache
richtig deuten & verstehen

Die Autorin
Dr. Helga Hofmann studierte Biologie, Chemie und Pädagogik mit dem Schwerpunkt auf Zoologie, insbesondere Verhaltensforschung. Sie ist Verfasserin mehrerer Ratgeber-Bücher zum Thema Katzen und anderen Natur- und Tierthemen. Privat teilen sie und ihre Familie Haus und Garten seit vielen Jahren mit Katzen.

Die Fotografin
Ulrike Schanz arbeitet als freie Fotodesignerin und hat sich seit einigen Jahren erfolgreich auf Tierfotografie spezialisiert. Alle Fotos zum Thema »Katzensprache« stammen von ihr.

Katzenspiele
pfiffig, spaßig, spannen

Die Autorin
Gabriele Linke-Grün arbeitet seit vielen Jahren als freie Journalistin für verschiedene Tierzeitschriften und Schulbuchverlage. Für den Gräfe und Unzer Verlag ist sie als freie Redakteurin, Lektorin und als Autorin tätig. Ihr besonderes Faible gilt Katzen, mit denen sie aufgewachsen ist und deren Temperament, Eigenwilligkeit und Eleganz sie schon immer fasziniert und begeistert haben.

Die Fotografin
Monika Wegler gehort zu den besten Heimtier-Fotografen Europas. Auch als Journalis-tin und Tierbuch-Autorin ist sie sehr erfolgreich. Alle Fotos zum Thema »Katzenspiele« stammen von ihr.

Die **halbfett** gesetzten Seitenzahlen verweisen auf Abbildungen, U = Umschlag

Impressum

Genehmigte Lizenzausgabe
für Verlagsgruppe Weltbild
GmbH, Steinerne Furt,
86167 Augsburg

Umschlaggestaltung:
Büro 18, Anna Jansen,
Friedberg
Umschlagmotiv:
Umschlagmotive:
Vorderseite:
© Pat Doyle/Corbis
Rückseite:
© Bruno Gattuso
Gesamtherstellung:
Typos, tiskařské závody,
s.r.o., Plzeň
Printed in the EU

ISBN 978-3-8289-3079-7

2011 2010 2009
Die letzte Jahreszahl gibt die
aktuelle Lizenzausgabe an.

Einkaufen im Internet:
www.weltbild.de

Meine Katze(n)

Name(n): ______________________

So füttere ich sie:

____

____

____

So wollen sie gepflegt werden:

____

____

____

Besondere Kennzeichen:

____

____

____

Name(n): ____________________

Name(n): ____________________

Lieblingsspiele und Spielzeug:

____

____

____

Das sind ihre Eigenheiten:

____

____

____

Das ist ihr Tierarzt:

____

____

____